AF452452

CURIOSITÉS DU MONDE
DES INSECTES

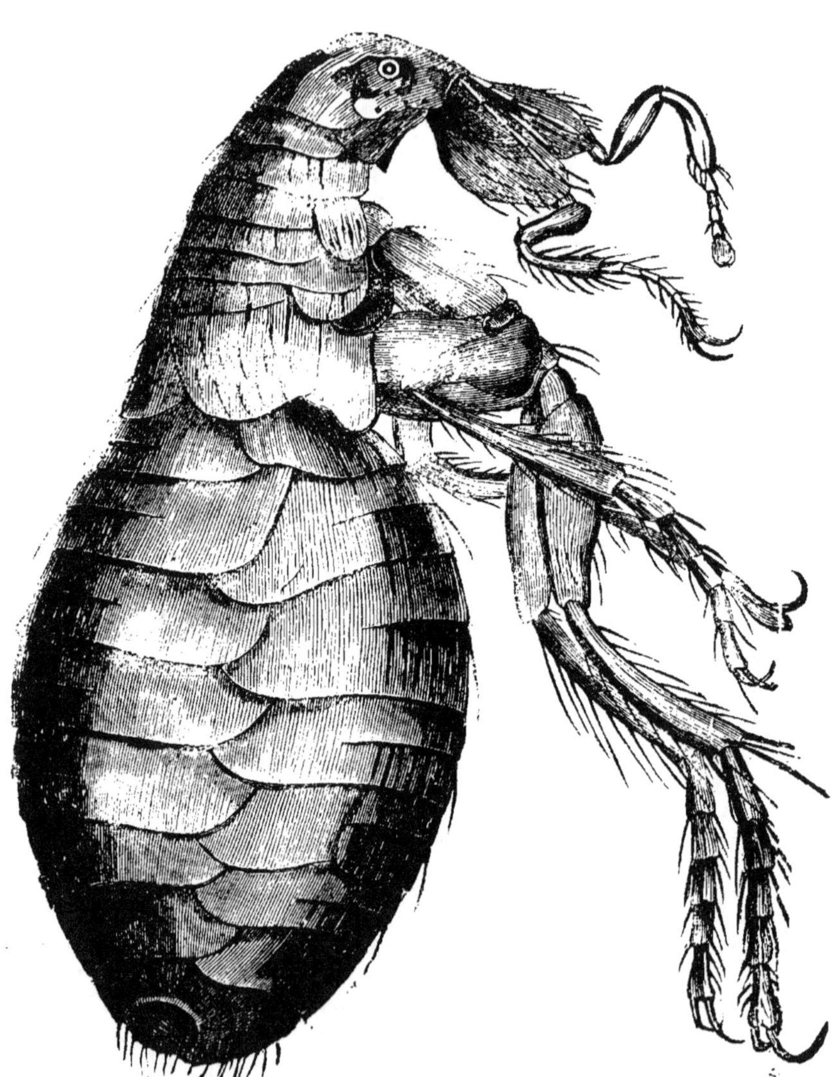

Puce vue au microscope (page 131).

BIBLIOTHÈQUE DES NOTIONS GÉNÉRALES

CURIOSITÉS DU MONDE

DES INSECTES

PAR

ADOLPHE BITARD

PARIS

LIBRAIRIE GÉNÉRALE DE VULGARISATION

9, RUE DE VERNEUIL, 9.

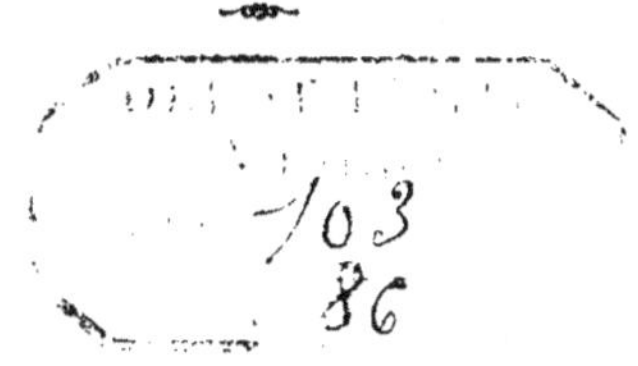

DES INSECTES

I

LES PAPILLONS

Sommaire. — Division de l'ordre des Lépidoptères. — Ailes indépendantes et ailes à frein. — Les **Bombyx** : le Ver à soie. Le Grand Paon de nuit. Le Prométhée. Les Psychés (B. constructeurs). La Livrée. Le B. processionnaire. Le B. chrysorrhée. Les Zigzags. La Chenille du saule. Curieuse coque d'un B. de l'Amérique méridionale. — Les **Noctuelles** : la Moissonneuse. — Les **Sphinx** : la Tête-de-Mort. — Les **Pyrales** ou Tordeuses : l'Halias du chêne. La P. de la vigne. Manière de procéder de la Tordeuse. — Les **Carpocapses**. — Les **Teignes** : la Teigne de la tapisserie et son fourreau. T. des fourrures, du crin, etc. Mineuses et Porte-Étuis. T. de la cire. — Les **Vrais Papillons** : le Machaon. L'Apollon. Piérides. Coliades. — Les **Nymphales** : Diversité des chenilles et uniformité des chrysalides. Le Paon de jour. Le Grand Sylvain. Goûts dépravés des Nymphales. — Les **Hespérides**. — Les **Sésies**.

L'ordre des Lépidoptères (insectes à ailes écailleuses) comporte deux grandes divisions d'une observation aisée : 1° les Lépidoptères à ailes indépendantes, comprenant tous les Diurnes ; 2° les Lépidoptères ayant les ailes postérieures réunies aux antérieures par un prolongement de la nervure costale des premières, en forme de pointe très fine, s'engageant dans une sorte d'anneau des ailes antérieures, division qui comprend les Crépusculaires et les Nocturnes. Les Diurnes portent les ailes redressées, au repos; les autres les ont rabattues en forme de toit.

Maintenant que des Crépusculaires, même des Nocturnes, recherchent le soleil, contrairement à ce qu'on serait en droit d'attendre d'insectes soucieux de leur rang dans le monde, cela ne doit pas nous inquiéter outre mesure : on ne les avait peut-être pas consultés pour leur donner ce rang.

Les Lépidoptères aux ailes réunies par un frein offrent, quoi qu'il en soit, des particularités de mœurs plus intéressantes que les autres; c'est par eux qu'il nous semble préférable de commencer.

Nous trouverons parmi les Bombyx les spécimens les plus intéressants de la classe des Lépidoptères, même pour nous qui ne pouvons tenir compte de la beauté de l'individu, ni même de son utilité ou de sa nocuité dans ses rapports avec l'homme. Quant à la beauté, il nous suffira de rappeler que c'est toujours à l'état de larve, c'est-à-dire d'*immonde* chenille, que le plus beau papillon est en possession de toutes les qualités intellectuelles qu'il tient de l'éducation ou de l'hérédité, et que, revêtu de sa brillante parure, ce n'est plus qu'une créature merveilleusement belle et stupide en proportion,— destin qui n'est pas le partage exclusif des Lépidoptères, voire des animaux articulés.

On peut invoquer quelques exceptions : le Bombyx du mûrier, par exemple, n'a pas de plus grand mérite que celui de donner naissance au ver à soie, et pourtant il n'est pas beau ; lourd, hésitant, maladroit, c'est à peine s'il peut se traîner ; sa mise répond à sa tournure, elle est des plus humbles et se distingue par une absence complète d'ornements. Mais sa chenille se file un cocon d'une soie abondante et précieuse avec laquelle celle d'aucune autre chenille ne peut rivaliser, à beaucoup près. L'industrie du ver à soie, précieux auxiliaire de l'homme par surcroît, consiste donc dans la confection de son cocon ; en étudiant ses procédés, nous apprendrons du même coup le secret de toutes les chenilles fileuses de cocons semblables, et notre but sera atteint pour ce qui les concerne.

Les glandes où se prépare la sécrétion visqueuse dont la soie est faite apparaissent, chez le ver à soie, sous la forme de deux gros et très longs tubes s'étendant en nombreux replis de chaque côté du canal intestinal sous lequel ils passent en se rétrécissant et vont se rejoindre, près de la tête, en une filière unique. Un fil suit chacun de ces canaux, à l'état visqueux d'abord ; arrivés à leur point de jonction, les deux fils ont pris de la consistance ; ils se soudent alors l'un à l'autre, sous l'action d'une sécrétion nouvelle provenant de deux petites glandes spéciales, sorte de vernis qui, tout en opérant leur union intime, leur donne le brillant de la soie et la propriété de résister à l'action dissolvante de l'eau. L'ouverture de la filière se trouve à la lèvre inférieure du ver qui, en se tournant et retournant à propos, conduit son fil où il faut pour en former la retraite où il se renferme et se transformera en chrysalide.

Avant de former le cocon, le ver à soie fixe aux branchilles qu'on lui a préparées des fils encore visqueux, qui deviendront bourre de soie, destinés à fixer sa demeure; c'est quand ces fils sont disposés à sa satisfaction qu'on le voit s'entourer d'un fil unique de vraie soie, jusqu'à ce qu'il en ait confectionné une coque ovale dont il soit bien chaudement enveloppé : au bout de sept à huit jours, le but est atteint, et le fil n'a pas moins d'un bon kilomètre de longueur! Il s'agit maintenant, pour l'industriel qui a élevé le ver avec tant de soin, de s'emparer de ce fil intact, et par conséquent de ne point laisser la chrysalide atteindre toute sa croissance et devenir papillon, auquel cas celui-ci percerait le cocon pour s'échapper, et ce serait autant de perdu. En conséquence, on ne laisse devenir papillons, dans les magnaneries, que juste ce qu'on suppose avoir besoin de sujets pour la reproduction; le reste des chrysalides est étouffé au milieu de sa coque de soie, au moyen d'un jet de vapeur.

Maintenant, comment le papillon s'y prend-il pour sortir de sa coque? Plusieurs hypothèses ont été mises en avant. On a cru que le trou par lequel il s'échappe était pratiqué par l'insecte en limant la paroi de sa prison avec les 6,236 facettes de ses yeux. Etrange procédé! drôle d'outil, on en conviendra! D'après Guérin-Menneville, le Bombyx imbiberait la paroi du cocon d'une liqueur sécrétée par une glande spéciale qu'il porte à la tête ; cette imbibition ramollirait les fils de soie, et les efforts du prisonnier les décollerait et les séparerait assez pour lui permettre de s'échapper. Mais s'il en était ainsi, la soie ne serait pas perdue et il n'y aurait aucune nécessité, aucun avantage à étouffer les chrysalides ; tandis qu'il est certain, au contraire, que le fil est coupé par le trou de sortie du papillon. Ce n'est donc pas encore cela...

Un Bombyx autrement beau que celui du mûrier, et dont la chenille, d'un beau vert pomme, à anneaux profondément marqués et ornés de tubercules bleus surmontés de poils raides, n'est pas moins remarquable que le papillon, le Grand Paon de nuit, se construit un des cocons qui méritent le plus d'attirer l'attention de l'observateur.

Ce cocon, en forme de poire et très volumineux (l'insecte n'est pas mince non plus), est rude extérieurement, formé de fils de soie bruns, grossiers, repliés sur eux-mêmes et fortement agglutinés, et ouvert par le petit bout. Cette ouverture est garnie intérieurement de fils rudes, mais non collés, et se croisant à leur extrémité libre intérieure. Cette disposition permet à l'insecte parfait une sortie facile, mais s'oppose à l'introduction des insectes venant du dehors, de sorte que la chrysalide peut attendre en toute tranquillité, au fond de sa retraite, l'heure décisive de sa transformation suprême.

La chenille du Grand Paon suspend son cocon généralement à une corniche de muraille ou à quelque endroit de ce genre lui offrant un abri sûr. Nous avons à peine besoin de dire qu'elle est commune dans nos jardins et nos vergers, ainsi que le papillon qui naît d'elle.

Une espèce d'Amérique, le Prométhée, fixe son cocon dans une feuille légèrement roulée, au moyen d'un solide tissu de fils de soie ; par excès de précaution et en prévision d'un malheur possible, il entoure le pétiole de la feuille qui contient son nid de plusieurs fils qu'il rattache à la branche par leur extrémité opposée. De cette façon, la feuille pourra se dessécher, se rompre à la naissance du pétiole, elle ne tombera pas, car elle demeurera suspendue à la branche par le cordon de soie que l'ingénieux insecte y a attaché dans ce but.

Les Psychés sont de charmants petits papillons au corps mince revêtu de longues soies, aux ailes à peine écailleuses et presque diaphanes, aux antennes plumeuses ou pectinées et qui vivent de l'air du temps. Mais ce sont les mâles seuls qui paraissent avec ces signes extérieurs si séduisants ; les ailes manquent totalement aux pauvres femelles, et pour comble de misère, elles n'ont que des rudiments de pattes et d'antennes et offrent la triste apparence de larves velues plutôt que d'insectes adultes.

La chenille de ce Lépidoptère a bien mérité le nom, qui lui a été donné en quelques contrées, de *Bombyx constructeur*, par la manière dont elle se construit une demeure au moyen de débris de feuilles, de brindilles de bois et de paille ou autres épaves végétales suivant les espèces; elle consolide ce fourreau en liant avec des fils de soie les débris qui le composent, et le tapisse intérieurement au moyen de cette même soie. Cette larve se déplace aisément, portant partout son fourreau avec elle, comme un colimaçon sa coquille. Au repos, le fourreau est attaché à une branche par un fil de soie et l'insecte a disparu au fond.

Dans sa jeunesse, la chenille était petite et son fourreau aussi; mais à mesure qu'elle grossissait, elle agrandissait proportionnellement sa demeure, en la fendant dans sa longueur au moyen de ses mandibules et y ajoutant une pièce de soie mêlée des débris qui ont servi à sa construction; elle a renouvelé cette opération autant de fois qu'il a été nécessaire. Du reste, le fourreau est assez élastique, car, en cas de danger, l'insecte rentre au fond et ferme l'ouverture en tirant sur les fils de soie de la tenture intérieure.

Au moment de se transformer en nymphe, l'ingénieuse larve fixe son fourreau, le ferme comme nous venons de dire, puis se retourne la tête vers l'extrémité libre. Si l'éclosion donne naissance à un mâle, celui-ci s'échappe et s'envole ; si c'est une femelle, elle se contente d'agrandir l'ouverture suffisamment pour donner passage à la partie postérieure de son corps si misérablement conformé et demeure dans cette position, attendant la visite des mâles. Elle y demeure une fois fécondée, y pond et y meurt ; les larves écloses se nourrissent du cadavre de leur mère, et quand il n'en reste plus rien de mangeable, elles abandonnent l'abri de leur enfance innocente, quoique singulièrement vorace, et s'occupent bientôt de se construire un fourreau individuel.

Les Psychés comptent de nombreuses espèces en Europe, en Asie et en Amérique. Ces dernières sont plus grosses que nos espèces européennes. Une espèce d'Australie, dont le mâle a jusqu'à 5 centimètres d'envergure, se construit des fourreaux de plus de 15 centimètres de longueur. Du reste, aucune différence dans les mœurs.

Un petit papillon aux ailes roussâtres, les deux ailes antérieures rayées de brun, le Bombyx neustrien, se fait remarquer par la manière dont la femelle dispose ses œufs autour d'une branche à laquelle elle fait ainsi une espèce de bracelet en spirale d'un assez curieux effet. Ses œufs ainsi pondus, l'insecte les recouvre d'une liqueur visqueuse qui durcit à l'air et constitue une protection suffisante contre les attaques des autres insectes et contre le mauvais temps, mais non contre le jardinier intelligent, qui détruit sans pitié ces bracelets ingénieux toutes les fois qu'il les rencontre, la chenille de ce Bombyx, noire et velue, à raies fauves, blanches et bleues, connue sous le nom de *livrée*, en conséquence des couleurs de la sienne, étant très nuisible aux arbres fruitiers. Pondus au mois d'août, ces œufs éclosent au printemps suivant ; les chenilles qui en proviennent se réunissent alors et s'enveloppent d'un réseau de soie fixé aux branches de l'arbre natal. Elles quittent le nid pour se transformer en chrysalides, et alors se filent individuellement une coque de soie mêlée d'une poussière jaune.

Le Bombyx processionnaire (c'est encore sa larve qui lui vaut ce nom) est un papillon gris à bandes plus sombres, qui pond ses œufs sur le chêne de préférence, mais en paquets, et les recouvre ensuite des poils arrachés à l'extrémité de son abdomen. Comme les précédentes, les chenilles processionnaires naissent au printemps suivant, se réunissent en grand nombre et s'enveloppent d'un réseau de soie. Elles ne quittent le nid qu'après le coucher du soleil, pour chercher leur nourriture ; elles marchent en véritable procession, chef en tête, les premiers rangs d'une, deux, trois, quatre, cinq files, puis le gros de l'armée, gravissant le tronc de l'arbre, se répandant sur les grosses branches, dévorant les feuilles sur leur passage ; puis elles retournent au nid, repues, toujours dans le même ordre. Au moment de se transformer en nymphes, les Processionnaires se filent un cocon isolé, mais sans abandonner le séjour en commun dans le nid.

Nous ne nous étendrons pas sur les ravages exercés dans nos forêts par les chenilles processionnaires, parce qu'on les connaît bien ; mais nous insisterons sur les dangers qu'offrent leur contact, celui de la sécrétion poussiéreuse qui se trouve au fond de leur nid ou de ce nid même, et qui provoque sur la peau des éruptions accompagnées de démangeaisons insupportables. Il ne faut donc jamais toucher à ces objets dangereux, ni même, ayant connaissance de l'emplacement d'un nid de Processionnaires, rester sous le vent de ce nid, ne fût-ce que dans la crainte, très sérieusement justifiée, de perdre la vue au cas où soit des poils, soit de la poussière emportés par le vent ne vinssent à atteindre les yeux. On cite, d'ailleurs, des cas d'accidents graves, des cas de mort même, dus à des causes de ce genre.

D'autres Bombyx vivant en commun à l'état de larves ont été découverts et décrits par des voyageurs en Amérique et en Afrique ; mais notre Processionnaire peut être considéré comme le type de ces diverses espèces, dont il suffit de signaler l'existence.

Mais nous avons d'autres Bombyx vivant en société et qui méritent une mention en passant.

Tel est le Bombyx chrysorrhée, ou *Cul brun*, petit papillon d'un blanc velouté, ayant à l'extrémité de l'abdomen une touffe de poils brun doré qui lui a valu son surnom. Il effectue sa ponte comme le Processionnaire et, comme lui encore, recouvre ses œufs des poils qu'il s'arrache de l'abdomen. Les chenilles, aussitôt écloses, se construisent une habitation en commun ayant la forme d'une bourse et faite d'une soie épaisse et solide, du moins l'enveloppe extérieure, qui est gris sale, car le nid a plusieurs couches, et la dernière couche intérieure est d'un beau blanc satiné et le tissu en est très fin ; en outre, l'intérieur de ce nid est divisé en compartiments séparés par des cloisons de soie.

Ce qu'il y a de plus ingénieux dans la construction de ce nid, c'est que les trois ou quatre enveloppes superposées sont séparées l'une de l'autre par un espace vide, c'est-à-dire par une couche d'air, qui assure contre le froid du dehors la protection la plus efficace qu'il soit possible d'obtenir pour les habitants du nid qui y doivent passer l'hiver. La nature a donc instruit ces chenilles des conditions de conductibilité de l'air?...

Les Zigzags (le Disparate et le Moine) ont des mœurs semblables à celles du précédent; tout ce qui les en distingue, c'est que leur nid est fait avec beaucoup moins d'art.

La Chenille du saule, dont Lyonnet a étudié l'organisation avec un soin et un succès qui ont illustré son nom, est la larve d'un gros Bombyx, le Cossus Perce-Bois, dont le nom caractérise suffisamment les mœurs. Cette chenille, d'un rouge vineux en dessus et jaunâtre en dessous, au corps parsemé de poils rares, ronge profondément le tronc des vieux saules et des ormes ; elle est pourvue de mandibules dentées, tranchantes, d'une puissance énorme, de pattes membraneuses, courtes et garnies de crochets en couronnes. Petite au moment de son éclosion, elle grossit rapidement, de sorte que, vers le terme des huit années qu'elle passe en cet état, elle pèse douze mille fois plus qu'au début. Elle passe les saisons d'hiver dans une coque faite de soie mêlée de débris de bois ; le reste du temps, elle se creuse dans le bois des galeries de plus en plus larges

à mesure qu'elle grossit, plongeant jusqu'au cœur
même de l'arbre, qui ne résiste pas toujours à un pareil traitement. Deux glandes, placées près de la tête de
l'animal, contiennent un liquide fétide que deux petits
canaux portent à la bouche ; on pense que cette sécrétion sert à humecter le bois pour le rendre plus facile
à triturer, et le fait est que les galeries des Cossus
répandent une forte odeur de bouc, même longtemps
après l'abandon de la chenille ; il n'est donc pas vraisemblable que cette chenille représente, comme l'ont
pensé quelques auteurs, le fameux Cossus alimentaire
des Romains.

Un voyageur anglais, M. H. Bates, qui a recueilli
des observations nombreuses et intéressantes sur les
Lépidoptères de la vallée de l'Amazone, mentionne un
Bombyx dont la coque est suspendue par un fil à une
feuille d'arbre.

« La chenille d'un Bombyx de couleur ardoise, dit-
il, se file une coque grosse comme un œuf de pierrot,
avec des fils de soie rose ou jaune, qu'il attache à la
pointe d'une feuille saillante par un fil de 15 à 16 centimètres de longueur. Dans les étroits sentiers des
forêts, l'œil est immédiatement attiré vers cet objet ;
à chaque bout se trouve un petit orifice qui facilite la
sortie de l'insecte parfait.

« Pour commencer son travail, la chenille se laisse
descendre de l'extrémité de la feuille de son choix, au
bout d'un fil augmentant graduellement de grosseur.
Lorsque ce fil a atteint la longueur qu'elle juge conve-

nable, elle se met à tisser la coque, en se plaçant au centre et, filant des cercles de soie disposés à intervalles réguliers, elle les réunit au moyen d'autres fils placés transversalement et donnant à la construction tout entière l'aspect d'un tissu à mailles carrées de dimensions à peu près régulières. Ce travail dure quatre jours... »

Sur ce dernier exemple, nous fermerons la note relative aux Bombyx, en regrettant d'avoir dû négliger les plus beaux spécimens de cette brillante famille, que leur beauté signale à l'attention de l'observateur. Mais dans cet ordre tout entier des Lépidoptères, la beauté est commune, et on serait fort embarrassé du choix si l'on se laissait guider par cette seule considération pour la composition d'un ouvrage de prétentions aussi modestes que celui-ci.

Nous ne pouvons que signaler en passant les Noctuelles, petits Lépidoptères à trompe, dont les chenilles se retirent dans les gerçures des arbres ou dans la terre pour subir leur transformation.

Celle de la Noctuelle des moissons se creuse des galeries souterraines, rongeant les racines des plantes, des betteraves de préférence, dans lesquelles elle fait des trous profonds. Les cultivateurs ont donné à cette chenille le nom de *ver gris*, par analogie avec le *ver blanc*, larve du hanneton : le nom est caractéristique.

La chenille de la Moissonneuse se transforme en chrysalide dans une loge souterraine tapissée de soie à l'intérieur.

Une grosse chenille cylindrique, amincie vers la tête, à peau lisse, bizarrement ornée de dessins aux vives couleurs et portant au-dessus du dernier anneau un appendice contourné figurant une queue plus ou moins en trompette, prend au repos une attitude qui ne pouvait manquer d'inspirer aux premiers témoins du phénomène l'idée du nom par lequel on désigne tout un groupe de Lépidoptères crépusculaires dont les chenilles se posent ainsi. Fixée par ses pattes membraneuses à la tige d'une plante, elle redresse la partie antérieure du corps, renfonçant sous le premier anneau sa tête légèrement inclinée et reste immobile pendant assez longtemps dans cette attitude de *Sphinx*.

Pour subir leur transformation en chrysalides, les chenilles de Sphinx s'enfoncent dans la terre, s'y creusent une loge tapissée intérieurement d'un peu de bourre de soie ayant l'heureuse propriété de ne point se laisser pénétrer par l'eau, ce qui dispense l'animal de s'enfoncer trop profondément ; quelques espèces restent même au ras du sol et s'enferment dans une espèce de coque faite de soie mélangée de brindilles d'herbe ou de feuilles.

Les papillons de cette famille sont en général de grande taille ; ils ont un corps épais, des ailes longues, étroites, très robustes, avec lesquelles ils planent constamment, plongeant sans cesse dans le calice des fleurs leur longue trompe, ne se posant jamais, à la façon des oiseaux-mouches ; et plus d'une fois, par une chaude soirée d'été, leur vol rapide a fait illusion et fait croire au passage de quelque petit oiseau attardé regagnant précipitamment son nid. En effet, le Sphinx du troëne n'a pas moins de 0,12 d'envergure, celui du laurier rose également, et le Sphinx Tête-de-Mort au moins 0,13. La chenille de ce dernier, qui est un de nos plus beaux Lépidoptères à tous les âges, mesure 0,12 de longueur et sa chrysalide 0,07. Son nom lui vient, on le sait, d'une tache jaune sur le corselet rappelant les contours d'une tête de mort, — à peu près comme la face de la lune une figure humaine.

On compte un assez grand nombre d'espèces de Sphinx ; mais nous avons dit toute l'industrie dont ils sont capables, tout ce qu'on en sait au moins. Nous retrouverons le Sphinx Tête-de-Mort volant le miel des ruches et, parmi les « Musiciens », faisant entendre son *cri* caractéristique. Le reste est insignifiant.

Les chenilles de la plupart des Pyrales s'établissent dans les feuilles, qu'elles roulent, tordent, contournent ou rassemblent au moyen de leurs fils soyeux, de manière à s'en former un abri sûr ; on les désigne généralement, quel que soit leur genre de vie particulier, sous le nom de *Tordeuses*. C'est dans ces abris, formés d'une feuille roulée, de deux ou de plusieurs feuilles réunies, qu'elles se transforment en chrysalides.

La plus grande du genre, c'est l'Halias du chêne, papillon vert clair, à bandes blanches, dont la chenille s'enferme dans une feuille roulée autour de son corps et y opère sa métamorphose. Lorsqu'on les effraye, ces chenilles sortent précipitamment de leur étui et se laissent tomber par degrés, suspendues à un fil qu'elles allongent à mesure qu'elles descendent, et au moyen duquel elles remontent aussitôt que le danger a disparu.

Une quantité innombrable de ces chenilles, dont quelques-unes n'ont que peu de millimètres de longueur, s'attaquent à la plupart des végétaux. Quiconque possède le moindre coin de jardin connaît bien ces dévastatrices qui, naturellement, ne se contentent pas de se faire un abri des feuilles qu'elles tordent, mais se nourrissent du parenchyme.

Voyez la Pyrale de la vigne, par exemple. Les ravages exercés par cet insecte ont été, à une certaine époque, aussi épouvantables que le sont aujourd'hui ceux du phylloxéra; ils n'auraient pas manqué de devenir aussi désastreux si l'on n'avait usé pour les combattre de moyens aussi radicaux que ceux qu'on emploie contre ce dernier insecte, je pourrais dire avec plus de justesse contre la vigne elle-même.

La Pyrale de la vigne est un petit papillon jaune bien connu, car il s'en faut qu'il ait été anéanti. Il pond, vers la fin de juillet, sur les feuilles, où ses œufs s'étendent en petites plaques visibles. A leur éclosion, les petites chenilles se laissent tomber au bout d'un fil et porter par le vent sur l'échalas le plus voisin ou sur un cep après lequel elles se cramponnent. Bien que le phénomène se produise au mois d'août, ces chenilles ne mangent pas et, s'enfonçant dans les gerçures du bois, elles s'y préparent à passer l'hiver dans l'engourdissement ; mais, le printemps venu, elles grimpent sur les pousses, font des paquets , réunis par des fils, des jeunes feuilles et des grappes naissantes, et, enfermées au milieu de ces paquets, dévorent le tout en parfaite tranquillité ; en suite de quoi elles se confectionnent un petit cocon où elles se transforment en chrysalides.

C'est au savant entomologiste Victor Audouin, auteur, avec MM. Blanchard et Milne-Edwards, d'une *Histoire naturelle des insectes nuisibles à la vigne*, qu'on doit la découverte du seul moyen efficace de combattre cette chenille dévastatrice, dont il avait reconnu la retraite d'hiver. Avant lui, on avait eu recours à toute sorte de moyens empiriques inefficaces et même fâcheux ; l'échaudage des ceps et des échalas pendant l'hiver mit fin aux ravages des Pyrales, étouffées dans leur retraite : et morte la bête, mort le venin.

On n'a pas d'idée de la force et de l'adresse déployées par un si petit être pour arriver à tordre ou à rouler une feuille considérablement plus grande et plus lourde que lui-même. Voyons, par exemple, la Pyrale du lilas et son étui cylindrique. L'insecte commence par la préparation de fils nombreux qu'elle fixe par un bout à la pointe et aux bords de la feuille de ce côté, et par l'autre bout au centre ; puis elle tire, à l'aide de ses pattes antérieures, sur chaque fil qu'elle fixe à mesure au moyen de sa tarière, amenant du même coup la pointe de la feuille qui se roule d'abord faiblement ; alors l'insecte la maintient ainsi au

moyen d'une nouv... quantité de fils disposés comme
la première fois, et sur lesquels il tire à nouveau ;
il recommence ainsi jusqu'à ce que l'étui cylindrique
soit parfaitement formé. En déroulant une feuille au
milieu de laquelle se trouve une de ces petites chenilles ravageuses, on pourra s'assurer, en effet, que
c'est bien ainsi qu'elle a procédé, par la quantité de
fils qui maintiennent partout le cylindre. Il faut donc
admirer tant d'industrie, — mais détruire le terrible
ouvrier.

Les Pyrales rongeuses de fruits pondent au cœur de
la fleur, et la pulpe se forme peu à peu autour de la
larve, qui se trouve ainsi pourvue de nourriture en
abondance. Au moment de se transformer, elle quitte
le fruit en laissant un trou pour seule trace de son
passage, et se file un petit cocon d'où sortira bientôt
un petit papillon d'un gris bleuâtre marqué de taches
et de raies de bronze brillant, du moins pour ce qui
concerne les rongeuses des poires et des pommes.

Ces insectes, qui ne *tordent* rien en somme, forment un genre à part sous le nom de *Carpocapses*,
lequel constitue une sorte de pont naturel qui relie les
Pyrales aux Teignes.

Le nom seul de Teignes rappelle à l'esprit de la ménagère les dégâts lamentables exercés dans les vêtements
ou les tapisseries de laine, les fourrures, les plumes, le
cuir et le crin ; il y en a d'autres encore, qui s'attaquent
aux grains et à diverses parties de certains végétaux.
Les mœurs diffèrent naturellement suivant les espèces,

et il en existe au moins une vingtaine ; elles ont, toutefois, pour caractère commun la confection de fourreaux cylindriques, tapissés intérieurement de soie, qu'elles élargissent à mesure de leur développement, et au milieu desquels elles passent leur vie et accomplissent leurs métamorphoses.

Le type du genre est la Teigne des tapisseries. « Tout le monde sait, dit un naturaliste, que les habits qu'on laisse par hasard dans une chambre sans prendre le soin de les préserver des Teignes sont bientôt perforés de petits trous ; c'est qu'alors une femelle de *Tinea* est venue y déposer ses œufs, et que les chenilles qui en sont sorties ont mangé le drap. Les chenilles de plusieurs espèces ne se contentent pas d'employer le drap à leur nourriture ; elles s'en servent aussi pour leur vêtement, et c'est une chose très curieuse à voir que leur habileté à construire leur fourreau. Réaumur nous a raconté sur ce point des histoires très intéressantes. Mais ce n'est que le petit nombre des espèces de ce genre qui gâtent nos habits et nos meubles ; une espèce, il est vrai, se nourrit du blé, dont elle lie plusieurs grains ensemble pour se construire entre eux une espèce de fourreau soyeux ; mais la plupart des espèces mangent les bolets ou le bois pourri dans lequel elles pratiquent de petites galeries qu'elles tapissent de soie ». Ces dernières espèces n'ont naturellement pas besoin des fourreaux portatifs qui rendent les autres si intéressantes.

Ainsi la Teigne des tapisseries, tout en rongeant

l'étoffe où elle a élu domicile, en extrait des brindilles
de laine qu'elle tisse adroitement autour de son corps,
en formant un étui cylindrique. Si la nécessité d'élar-
gir et d'allonger sa demeure se présente, elle fend son
cylindre dans sa longueur et y ajoute une pièce ; puis,
ajoutant des brins de laine aux deux bouts, elle l'allonge au degré convenable. Pour se transformer en
chrysalide, elle fixe par un bout son fourreau à l'étoffe
même, au plafond ou à un angle de la muraille ou de
l'armoire, et se retourne la tête en bas, c'est-à-dire
vers l'extrémité libre par où le papillon s'échappera
l'heure venue, ce petit papillon gris si connu et si
justement détesté.

Le fourreau de la Teigne des fourrures, fait de poils
et de soie, est un peu aplati et garni, aux deux extrémités, d'un véritable couvercle à charnière de soie, que
la chenille ouvre ou ferme à volonté. Celui de la
Teigne du crin, ouvert seulement du côté de la tête,
est naturellement fait de bouts de crin.

Nous avons dit plus haut comment procède la Teigne
des grains. Pour se transformer en nymphe, celle-ci
sort de son étui, se suspend à une poutre et s'entoure
d'un cocon de soie mêlée de son emprunté au blé qu'elle
a rongé.

Les Coléophores sont des Teignes qui portent partout avec elles l'étui qu'elles se sont fabriqué, d'où
leur nom générique. Aussitôt écloses, les chenilles des
diverses espèces de ce genre s'introduisent à l'intérieur
d'une feuille, dont elles rongent toute la substance,

ayant grand soin d'épargner l'épiderme. Jusqu'ici, ce sont des *mineuses* déterminées , mais sédentaires ; lorsqu'elles ont acquis un certain développement , toutefois, elles commencent par couper les deux épidermes de la feuille tout le long de la galerie qu'elles y ont creusée, et en réunissent les deux bords au moyen d'une couture à *surget*, faite avec leur propre soie. Cela fait, elles peuvent se promener dans le vêtement qu'elles se sont si ingénieusement confectionné elles-mêmes, et c'est ce qu'elles font en effet.

D'autres Coléophores procèdent d'une façon plus sommaire : s'introduisant dans une graine convenable, leurs chenilles commencent par en dévorer tout l'inté-rieur , après quoi elles se promènent dans la coque, qui leur offre un étui tout fait.

Le nombre des Teignes, porte-étuis ou non, est trop considérable pour qu'il nous soit possible de décrire les mœurs particulières de chaque genre et de chaque espèce ; nous nous bornerons donc aux types les plus frappants. Les Teignes sont partout. A la fin de l'été, par exemple, il est bien difficile d'arrêter le regard sur une feuille d'arbre, d'arbrisseau ou de plante herbacée, sans y découvrir les traces de quelque teigne, sous la forme de lignes tourmentées ou de plaques dont la nuance brune de feuille morte et décomposée tranche sur le fond vert des parties intactes. Aucun végétal n'est à l'abri de leurs atteintes, et les substances ani-males ne le sont point davantage.

La Teigne de la cire, par exemple, si elle parvient

à s'introduire dans une ruche, en amène fatalement la destruction complète. Les œufs déposés dans la cire des rayons y donnent naissance à des larves qui ne procèdent pas autrement que celles que nous avons décrites plus haut. Elles se nourrissent de cette cire et s'en confectionnent un étui épais qui protège leur corps faible et mou contre les atteintes de l'aiguillon ; de sorte que les malheureuses abeilles n'ont pas d'autre alternative que de laisser dévorer leurs rayons les uns après les autres. Mais on est parvenu à préserver presque sûrement les ruches des atteintes de cette Teigne (Gallérie), ou tout au moins à prévenir des dégâts d'une pareille importance.

Les Lépidoptères diurnes provoquent l'admiration de l'homme le plus indifférent aux beautés de la nature, tant par l'élégance des formes que par la magnificence et la variété des couleurs qui parent leurs ailes artistement découpées. Lebrun a pu dire avec quelque justesse, — une justesse de convention bien entendu :

> Le papillon est une fleur qui vole,
> La fleur un papillon fixé.

Toutefois, si le parfum manque au papillon, aucune fleur ne saurait offrir une aussi grande variété de couleurs plus fraîches et réparties d'un pinceau plus habile, quoique ce soit également celui de la nature.

Mais, sous le rapport de l'industrie, ces êtres ravissants sont d'une nullité singulière, et ils ne nous retiendront pas aussi longtemps, à beaucoup près, que les Lépidoptères crépusculaires et nocturnes, plus modestement parés en général, bien que nous soyons loin d'avoir épuisé la matière en ce qui les concerne.

Les larves de Lépidoptères diurnes ne se tissent généralement pas de cocon proprement dit ; la plupart des chrysalides restent nues, à l'exception de quelques espèces qui s'enveloppent d'un réseau léger, la nature ayant prévu pour elles le cas où, considérant les lieux où elles doivent passer leur existence dans cet état, elles seraient exposées aux attaques d'ennemis dont les autres n'ont rien à craindre.

On pourrait presque s'en tenir, pour la description de ces chenilles, à ces lignes de Lucas : « Les chenilles, dit l'éminent entomologiste, vivent le plus souvent solitairement ; on en connaît cependant quelques-unes qui restent en famille jusqu'à l'époque de leur transformation en chrysalides. Des plantes fort différentes leur servent de nourriture ; mais, en général, les espèces du même groupe vivent sur des plantes de la même famille. Les ombellifères, les malvacées, les laurinées, les drupacées, quelques anonées, certaines aristoloches, mais surtout les aurantiacées sont les familles de végétaux que ces chenilles affectionnent presque exclusivement. Elles offrent entre elles des différences de forme assez notables : les unes sont cylindriques, entièrement lisses ; les autres sont munies de prolongements charnus, assez allongés; d'autres sont raccourcies et pourvues de plusieurs pointes charnues, assez courtes; enfin il en est qui ont quelque ressemblance de forme avec les limaces. »

Le plus triste, c'est que ces appendices, ou prolongements charnus, on ne sait trop à quoi ils peuvent servir à l'animal. C'est ainsi que la chenille du Machaon, l'espèce la plus commune en France des Papillons Porte-Queue et l'un de nos plus beaux papillons, fait saillir quand on l'irrite, d'entre la tête et le premier anneau, une paire de cornes dont on ignore l'usage probable. Il en est de même, du reste, des autres chenilles de Papillons proprement dits.

La chenille de l'Apollon, d'un beau noir velouté semé de points jaunes et de tubercules bleuâtres, s'enveloppe d'un léger réseau de soie au moment de sa transformation. Après cette opération, elle se fixe comme font les autres chenilles de ce groupe qui dédaignent cette précaution. Voici comment les unes et les autres s'y prennent pour cela. Ayant choisi leur emplacement, elles y amoncellent un petit tampon de soie dans lequel se trouvent enveloppés les crochets de leurs pattes postérieures; ainsi fixées et se tenant seulement sur leurs pattes membraneuses, elles se redressent, portent la tête vers le côté, y fixent en un point déterminé le bout d'un fil dont l'autre bout sera fixé à la même hauteur du côté opposé, retenant en son centre le fil, dont elles forment un anneau, afin qu'il ne soit pas trop serré, au moyen de leurs pattes antérieures; elles continuent ce manège jusqu'à ce que la ceinture ait acquis une consistance suffisante, puis, y passant la tête, s'y engagent, par des contractions successives, jusqu'au milieu du corps. La transformation s'effectuant, la chrysalide se trouvera suspendue par cette ceinture aussi solidement qu'il est désirable.

Les chenilles des Piérides, fléaux de nos potagers, sont privées de cornes. Après avoir fait une effroyable consommation de choux, de navets, de réséda, etc., suivant les espèces, elles vont se suspendre, comme nous venons de le voir, à une branche d'arbre ou à une saillie de muraille, pour se transformer en chrysalide. La réputation de la Piéride du chou est détestable et amplement justifiée. La femelle pond ses œufs sur une feuille de chou de préférence, et les chenilles qui en sortent, vivant de compagnie dans la plus louable intelligence, ont bientôt fait d'endommager le chou natal de manière à ce qu'on n'en puisse plus tirer qu'un profit illusoire.

Les Coliades sont des papillons jaunes de nuances diverses et de taille moyenne, dont une espèce, le Citron, ne se gêne pas pour faire son apparition en plein hiver, si le temps s'y prête un peu. Cela tient à ce que ce papillon hiverne dans cet état d'insecte parfait, se tenant dans un trou d'arbre ou de muraille, prêt à profiter d'un rayon de soleil; si l'attente est trop longue, il sort de son trou avec un habit singulièrement chiffonné et dégueuillé.

Avec les Nymphales, nous sortons des vrais Papillons. La tribu des Nymphalides est remarquable par la variété étrange des chenilles, tantôt lisses, tantôt épineuses, à tête large et garnie de longs tubercules ou à tête petite et nue; mais cette variété disparaît dans les chrysalides, surtout dans la façon dont elles sont attachées. Beaucoup de ces chrysalides sont ornées de taches d'or, et c'est justement grâce à cette particularité, et parce qu'on croyait que ces taches étaient d'or véritable, que le mot *chrysalide* fut adopté pour désigner cette forme transitoire du Lépidoptère.

Au moment de la transformation, la chenille s'attache par les pattes postérieures à un petit amas de soie qu'elle a préalablement fixé à l'endroit de son choix; puis elle s'abandonne, et on la voit se transformer en chrysalide en peu de minutes. Celle-ci, en se débarrassant de la peau de la chenille, s'accroche à l'amas de soie, au moyen des crochets dont son extrémité postérieure est armée.

L'un des plus beaux papillons de cette famille, c'est la Vanesse-Io, dite Paon de jour, aux ailes rouges, portant chacune une tache ocellée multicolore rappelant l'œil qui décore les plumes du paon, et d'ailleurs assez commun pour se passer de description, ce qui fait quelque tort à sa gloire. Sa chenille, d'un noir velouté, pointillé de blanc, dont les anneaux, sauf le premier, sont armés d'épines ciliées, vit sur les orties, en sociétés assez nombreuses, habitant un véritable nid commun enveloppé d'un filet de gros fils de soie à larges mailles.

Les chenilles de toutes les espèces du genre vivent également en société sur la plante de leur choix.

Il y a peu de particularités intéressantes à relever dans la vie des autres Nymphales, si ce n'est que, Papillons aux brillantes couleurs et aux formes élégantes, ces beaux Lépidoptères donnent des preuves constantes des goûts les plus dépravés. Dédaignant le parfum des fleurs et le nectar qu'ils pourraient puiser au fond de leur calice, on les voit sucer la sève qui s'écoule du tronc d'un arbre malade, et fréquemment même la partie liquide des fientes d'animaux, comme le Grand Sylvain, par exemple, qu'on rencontre souvent sur le crottin de cheval tout frais, si enchanté de l'aubaine qu'il s'y laisse surprendre assez souvent par le chasseur impitoyable.

La dernière famille des Papillons diurnes est celle des Hespérides, qui se rapproche un peu des Pyrales par les habitudes de leurs larves et même par leur aspect.

Ces chenilles, en effet, se dissimulent souvent dans le pli d'une feuille, dont quelques fils soyeux leur permettent de maintenir les bords suffisamment rapprochés. Pour opérer leur transformation, elles s'attachent par leur extrémité postérieure, comme nous l'avons vu faire aux chenilles des autres Diurnes, puis se fixent à la feuille étroite et plissée qu'elles ont choisie par un lacis de fils soyeux entrecroisés de la façon la plus sommaire.

Nous allions oublier les Sésies, dont l'aspect, surtout au vol, rappelle plus la guêpe que le papillon. Elles n'ont pas une « taille de guêpe », à la vérité, mais un corps élancé, noir, avec des raies transversales jaunes et des ailes étroites, membraneuses (à quelques écailles près) et transparentes.

Les Sésies pondent sur l'écorce des arbres, des peupliers surtout, et les chenilles qui en naissent se creusent aussitôt des galeries dans le tronc, les racines ou les branches, chacune isolément, exercice qu'elles poursuivent pendant au moins deux années ; alors elles se creusent une vaste cellule, qui souvent affleure l'épiderme de l'arbre, et où elles s'enferment, enveloppées d'une espèce de coque faite d'un peu de soie renforcée de sciure de bois agglutinée.

La chrysalide de la Sésie porte une rangée d'épines sur chaque anneau de l'abdomen et d'autres à l'extrémité. Le papillon nouveau né ne laisse pas de tirer parti de la circonstance : comme son corps mou et ses ailes délicates courraient des dangers réels à s'aventurer à nu dans une galerie, il se borne à dégager sa tête et ses premières pattes et se met alors en marche, entraînant la dépouille protectrice de la chrysalide, qui lui sert de cuirasse jusqu'à l'issue de la galerie, où il l'abandonne sans autre forme de procès, et prend son vol.

Lépidoptères. — Le Sphinx Tête-de-Mort, grandeur nature (*page 36*).

II

LES MUSICIENS

(LÉPIDOPTÈRES, HYMÉNOPTÈRES, ORTHOPTÈRES,
HÉMIPTÈRES, ETC.)

Sommaire. —**Lépidoptères** musiciens : l'Arctie pudique. Le Sphinx Tête-de-Mort. —**Hyménoptères** : le *chant* de l'Abeille mère. Le *sifflement* des Termites. Le *langage* des Fourmis. — Instruments des **Ortho-ptères** : les *cymbales* des Sauterelles. La Porte-Selle. Sauterelles de l'Amazone. Qualités particulières de la Sauterelle femelle. Le *cri-cri* du Grillon. Grillon des champs et Grillon du foyer. Grillons de combat des Chinois. Le *Grillo canterino* des Florentins. La Courtilière. Travail de taupe et musique d'aveugle. Le Criquet et ses violons. Une caisse de résonnance donnée par la nature. Vertus maternelles du Criquet femelle et leurs conséquences. Migrations désastreuses des Criquets. — **Hémiptères** : la Cigale et son instrument à vent. L'invention de la cornemuse. Une Cigale américaine. Travaux muets de la Cigale femelle. Cigales en cage. —**Diptères** : le *hennissement* de la Mouche.

Il ne nous paraît pas utile, à aucun point de vue, de nous astreindre aux règles étroites de la classification scientifique lorsqu'il est bien établi que leur observation scrupuleuse nous causerait, comme dans ce chapitre, une gêne pénible et sans aucune compensation.

Les insectes musiciens appartiennent pour la plupart à l'ordre des Orthoptères, c'est-à-dire des insectes à ailes pliées en long, et ils ne sont pas seulement musiciens, ils sont également danseurs ou, si vous le préférez, sauteurs; ce sont les Sauterelles, les Grillons et les Criquets. Mais il y a des musiciens appartenant aussi à d'autres ordres : comment faire ?

Certains Bombyx du genre Écaille, par exemple, et notamment l'Arctie pudique, font entendre des stridulations tirées d'une petite capsule qui se trouve de chaque côté du thorax. Le Sphinx Tête-de-Mort, un de nos plus grands et de nos plus beaux Lépidoptères, émet également un son qui n'a, à la vérité, rien de musical, mais qui est très sensible et peut fort bien passer pour une des formes du langage chez les insectes, et en particulier chez les Lépidoptères.

Ce papillon crépusculaire, dont nous ne décrirons pas ici la magnifique et étrange livrée, puisque c'est chose faite, pousse en effet un véritable cri de terreur lorsque quelque danger le menace ; non seulement si on l'irrite, si on le saisit brusquement, mais encore lorsque, s'étant aventuré dans une chambre, il ne trouve plus d'issue pour s'échapper et prévoit très évidemment le triste sort que son imprudence lui réserve.

Mais d'où vient ce cri ? Réaumur l'attribuait au frottement des palpes contre la trompe, ce qui n'est pas soutenable un instant. Un observateur trop superficiel, quoique ingénieux, avait pensé que l'air s'échappant d'une trachée qui se trouve de chaque côté de la base de l'abdomen pouvait y donner naissance : il n'avait pourtant qu'à examiner la femelle pour se convaincre d'erreur, car l'appareil en question manque à la femelle du Sphinx à Tête-de-Mort, et cela ne l'empêche nullement de crier aussi fort que le mâle, sinon plus. D'ailleurs.

tous les autres mâles de la famille possèdent cet appareil et n'en sont pas moins muets.

D'autres, comme Passerini, font venir ce bruit d'une cavité de la tête communiquant avec le faux conduit de la trompe et munie à son entrée de muscles puissants pouvant, par leurs mouvements alternatifs d'abaissement et de soulèvement, favoriser l'entrée et la sortie de l'air qui produit cette espèce de voix. Ceux-là pourraient bien avoir raison, en dépit d'hypothèses plus nouvelles qui voient la cause de ce cri étrange dans le frottement du thorax contre l'écusson, aux vibrations du thorax même, etc.

Quoi qu'il en soit, c'est là un fait unique chez les insectes, du moins pour ce que nous en savons.

Il est à remarquer qu'en fait de sons, musicaux ou autres, émis par les insectes, nous ne pouvons tenir compte que de ceux que la faiblesse de nos organes nous permet de percevoir ; autrement, quels concerts ! Les bourdonnements de tant d'insectes ailés, qui ont été pris pour le langage de ces insectes par beaucoup d'auteurs, n'est pas tout. Voyez par exemple l'échange de *paroles* entre l'Abeille-mère libre d'une ruche et les prisonnières, au moment du départ d'un essaim. Charles Butler a noté ces bruissements si variés, et il y a là évidemment autre chose qu'un bourdonnement monotone et insignifiant. « Il a déterminé, dit Réaumur à propos de cet exploit de Butler, toutes les modulations du chant de l'abeille suppliante, qui aspire à conduire un essaim, les différentes clefs sur lesquelles elles sont composées, et de même celles des chants de la reine-mère. »

On trouve aussi chez les Névroptères des individus qui produisent des sons, même musicaux. En cas d'alerte, la sentinelle préposée à la garde d'une porte de la termitière prévient la communauté de ce qui se passe au dehors en frappant de ses mandibules les murailles de la forteresse ; les soldats accourent aussitôt en grand tumulte. Mais supposons que nous fassions ici une simple expérience, et qu'après avoir pratiqué une brèche d'apparence insignifiante aux murailles de la termitière, satisfaits de cet acte de méchanceté, justifié à nos yeux par l'intérêt de la science, nous nous repliions en bon ordre : alors, les soldats, voués seulement aux nobles travaux de Mars, sont remplacés par les ouvrières, qui réparent en grande hâte les dégâts que nous venons de causer, sous la surveillance active d'un chef appartenant à la caste militaire. Ce directeur des travaux excite l'ardeur des ouvrières en frappant, comme précédemment, ses puissantes mandibules contre la muraille et produisant ainsi un bruit perceptible à une distance de plus d'un mètre par ce grossier organe qu'on appelle une oreille humaine ; à ce signal d'encouragement, les ouvrières répondent aussitôt par un sifflement prolongé, et on les voit en même temps redoubler d'activité. Autant de fois que les coups de mandibules de l'ingénieur en chef se répètent, autant de fois on entend ce même sifflement y répondre. Un sifflement est un phénomène musical ; c'est, en tout cas, un moyen de communication incontestable, c'est le langage des Termites.

Les Fourmis aussi ont un langage véritable. Tout le monde sait qu'elles font entre elles échange de gestes et se donnent des poignées d'antennes aussi éloquentes, et peut-être aussi hypocrites que le peuvent être nos poignées de mains ; mais, en outre, elles échangent certainement des propos sonores, quoiqu'ils ne nous parviennent pas sous cette forme par la raison que nous invoquions tout à l'heure.

Cela est si vrai, qu'un naturaliste anglais, M. Peal, doué de patience comme doit l'être tout véritable observateur de la nature, vient de découvrir la voix de quelques espèces de Fourmis tout au moins et de constater leur *cri*. M. Peal signale notamment deux espèces émettant des sons musicaux perceptibles par l'oreille humaine à une distance de 20 à 30 pieds ; ces sons seraient produits par le frottement des antennes ou des pattes sur les pièces écailleuses de l'abdomen. Il plaça une de ces Fourmis sur une feuille sèche, et elle émit un bruit assez intense pour qu'il pût l'entendre très facilement.

Il est fort à croire que les êtres les plus infimes ont la possibilité de s'entretenir à distance, au moyen de sons émis à l'aide d'instruments dont les a pourvus la nature, sinon par l'échange de véritables discours. A mesure que l'observation se porte avec plus de ténacité et de patience sur l'étude des espèces dédaignées à ce point de vue, les découvertes abondent ; et sans vouloir abuser du procédé qui consiste à conclure du particulier au général, il est certain que ces découvertes ne font que commencer. — Jusqu'aux Diptères, du reste, qu'on a reconnus capables de s'exprimer au moyen des sons !

Pour en revenir aux chanteurs dont la réputation est faite, qui sont presque tous des Orthoptères, rappelons en passant que les Cigales appartiennent à l'ordre des Hémiptères et n'ont que des rapports purement professionnels avec les Sauterelles, indûment parées de leur nom dans les régions septentrionales de l'Europe où les Cigales font défaut. Les Fulgores, voisins des Cigales, remarquables d'ailleurs par d'autres propriétés qui nous les feront classer ailleurs, pourraient bien chanter aussi, du moins ceux du Brésil, car un naturaliste anglais, Westwood, dit en propres termes : « Les Cicadés chantent ordinairement le jour, tandis que les Fulgorides sont chanteurs nocturnes ». Mais on connaît si peu des mœurs de ces Hémiptères, que nous n'avons pu nous renseigner exactement là-dessus ; tout ce qu'on peut dire, c'est que, s'ils jouent d'un instrument, ce n'est pas évidemment d'un instrument semblable à celui des Cigales ; autrement, on l'eût facilement découvert.

Les instruments dont se servent ces petits musiciens sont, du reste, différents les uns des autres et ne produisent point des sons identiques, même en ne considérant que les trois familles d'Orthoptères sauteurs. On sait, d'autre part, que les mâles en sont seuls pourvus.

La stridulation aiguë produite par les Sauterelles est due au frottement de deux membranes minces, tendres et transparentes, situées à la base du bord interne des élytres et qui ont reçu le nom de *miroirs;* et *zig zig!* en avant les cymbales ! L'instrument a reçu une modification indispensable chez une espèce de Sauterelle appelée *Porte-Selle,* aux élytres courts, épais et voûtés, recouverts à la base par le corselet qui se relève en forme de selle, d'où son nom; le son aigu et strident que l'Orthoptère produit en frottant ses élytres l'un contre l'autre est plus fort et plus continu que chez les autres Sauterelles, et se rapproche de celui que fait entendre la Cigale, bien que l'instrument de celle-ci soit tout différent.

Sur les rives de l'Amazone, il existe des Sauterelles dont les stridulations s'entendent à près de deux kilomètres de distance et sont même assez musicales; aussi les indigènes en conservent-ils dans de petites cages d'osier pour jouir plus commodément de cette musique.

Les femelles sont muettes, mais elles appellent l'attention par d'autres propriétés. Elles sont pourvues, à l'extrémité de l'abdomen, d'une longue et forte tarière ayant généralement la forme d'une lame de sabre, à l'aide de laquelle elles percent le sol, à moins de rencontrer un trou convenable pour cet objet, pour y déposer leurs œufs. La Sauterelle ne pond dans le même trou qu'une dizaine de ses œufs et renouvelle l'opération en divers endroits autant qu'il est nécessaire, obéissant évidemment à ce conseil de la sagesse vulgaire, relatif aux dangers qu'il y a de mettre tous ses œufs dans le même panier.

Le Grillon des champs porte à ses élytres un appareil musical très large, qui consiste en de nombreuses dents transversales et tranchantes occupant la face inférieure d'une des nervures de l'élytre et frottant rapidement contre une nervure lisse et dure de la face opposée de l'autre élytre ; toutefois, lorsque l'insecte est fatigué de manœuvrer l'élytre droit contre le gauche, il change de côté et frotte l'élytre gauche contre le droit.

Le Grillon du foyer possède un appareil musical analogue à celui de son congénère champêtre ; il est plus petit, et sans doute plus frileux, car on sait qu'il loge dans les crevasses des murs de la cheminée ou du four, d'où il fait entendre son *cri-cri* monotone.

Le Grillon des champs se creuse un trou d'environ 0,30 dans la terre sablonneuse, et n'en sort qu'à la nuit ; c'est alors qu'on l'entend *chanter* des heures entières, à peu de distance de sa demeure dont il trahit ainsi la direction. Irascible et batailleur, le Grillon des champs ne se borne pas à exterminer les Grillons domestiques sur lesquels le hasard le fait tomber, mais si l'on en enferme deux de même espèce ensemble, on les verra se jeter l'un sur l'autre avec fureur et ne cesser le combat qu'après la mort de l'un des combattants.

Les Chinois, paraît-il, ont des Grillons de combat, comme ailleurs on a des coqs.

Des voyageurs ont raconté qu'en certaines contrées de l'Afrique, les indigènes élèvent des Grillons dans de petites cages de bambou pour jouir de leur chant. Il n'y a pas besoin d'aller si loin pour voir cela. A Florence, le lendemain de l'Ascension, les petits paysans des alentours arrivent porteurs de petites cages d'osier renfermant chacune un *grillo canterino* destiné à faire sa partie dans le concours orphéonique de *cri-cris* donné chaque année ce jour-là. Après le concert a lieu la vente, où, pour un sou et même moins, on devient facilement acquéreur d'un grillon emprisonné dans sa cage.

La Courtilière, qui appartient à la même tribu et à qui ses mœurs ont fait donner le surnom de *Taupe-Grillon*, se creuse dans les terrains meubles, ceux des jardins et des potagers de préférence, une demeure qui n'est pas sans ressemblance avec celle de la Taupe, et composée de galeries rayonnant dans toutes les directions, d'une chambre horizontale mesurant 0,08 de diamètre sur 0,025 de hauteur à laquelle donne accès un puits vertical; quoique les galeries s'enfoncent plus ou moins profondément, cette chambre, destinée à servir de couvoir aux trois cents œufs ou environ que l'insecte lui confiera, est établie près de la surface du sol.

Les Courtilières, au corps cylindrique, aux pattes trapues, celles de devant très courtes représentant à la fois la bêche et le râteau, sont des fouisseuses de première force; elles ne quittent guère leur retraite; mais, en creusant leurs galeries, elles causent de grands ravages aux jeunes plantes dont elles dévorent les racines, aussi bien que les vers qu'elles rencontrent sur leur chemin.

Les Courtilières mâles ont un instrument musical semblable à celui des autres Grillons, mais dont ils tirent des notes lentes bien moins aiguës que celles du Grillon champêtre, et qu'on a comparées au cri de la chouette — en petit, bien entendu.

Les Criquets se distinguent des Sauterelles par des antennes courtes et épaisses, l'absence de tarière à l'extrémité de l'abdomen des femelles et de l'appareil musical situé à la base des élytres chez les mâles; ils s'en distinguent surtout par les ravages qu'ils exercent dans leurs migrations et que le vulgaire impute aux quasi innocentes Sauterelles.

Ainsi, on confond la Sauterelle avec la Cigale lorsqu'elle chante, et avec le Criquet lorsqu'il est fait allusion aux dix plaies d'Egypte (ou du voisinage), à propos des ravages exercés par une épaisse nuée de Sauterelles — qui sont des Criquets. Il faut convenir que la Sauterelle n'a pas de chance.

Les Criquets ne sautent pas moins lestement, à tout prendre, que les Sauterelles, et ils volent beaucoup mieux, circonstance qui favorise singulièrement leurs migrations dévastatrices ; et s'il leur manque l'instrument de musique propre à celles-ci, ils en possèdent un autre dont ils tirent même des sons plus variés, où l'on distingue quelques notes particulières que certains observateurs ont trouvé curieux de relever, mais qui, somme toute, donnent la sensation peu agréable

d'un ramage de crécelle intempérante, et rien de plus harmonieux.

La face interne des cuisses postérieures, chez les Criquets, est hérissée de nombreuses arêtes rangées longitudinalement, et que l'animal frotte avec rapidité sur les nervures saillantes des élytres, comme un archet sur les cordes d'un violon.

De sorte que le Criquet possède, en réalité, deux instruments complets : deux archets et deux violons; il joue alternativement de l'un et de l'autre, afin de les ménager sans doute. Dans la plupart des espèces, on trouve à la base de l'abdomen une cavité relativement grande, à laquelle on croit pouvoir attribuer le rôle d'une caisse de résonnance destinée à renforcer le son; mais c'est une attribution quelque peu hasardeuse, inspirée par une association d'idées fatale.

Quelques espèces déposent leurs œufs, renfermés dans une coque ovale, sur les tiges des graminées, mais la plupart, celle d'Algérie entre autres, les déposent en terre, enveloppés de même, à des profondeurs variables; la femelle choisit pour cela un terrain meuble, sablonneux et légèrement humide où, dans l'opération de la ponte, elle disparaît à moitié.

Nous ne rappellerons pas les désastres causés par les invasions de Criquets, dans notre colonie ou ailleurs; mais il nous paraît intéressant de reproduire quelques lignes d'une étude faite avec grand soin par un officier supérieur de notre armée algérienne, sur les mœurs du Criquet et la marche du fléau dont il est le terrible agent. L'honorable officier n'est point naturaliste, comme on le verra, mais ses observations n'en sont pas moins précieuses au point de vue pratique.

Parlant des conditions favorables à la ponte qu'offrent les territoires sablonneux du sud de l'Algérie, qui conservent leur fraîcheur à une petite profondeur jusqu'au delà du printemps, notre observateur ajoute : « La durée de l'incubation dépend beaucoup de l'humidité du sol et de son exposition. La plus courte période observée dans la province de Tittery, qui fait partie de la subdivision de Médéa, est de vingt-huit jours, mais cette durée varie généralement entre trente et quarante jours. Les œufs d'automne passent l'hiver dans le sol et n'arrivent à l'éclosion que du mois de février au mois de mai de l'année suivante.

« La *Locuste* qui prend naissance en deçà du désert, c'est-à-dire dans nos possessions même, ne porte pas le nom de *Sauterelle*. On l'appelle communément *Criquet...* (1). Les indigènes la nomment en arabe *Merad*. Développées dans les œufs, les larves surgissent de terre à l'état de petits insectes de couleur très brune et sans ailes. Pendant les premiers jours qui suivent leur naissance, ils semblent indécis dans leurs allures et vont fourmillant en divers sens. Mais bientôt ils s'unissent les uns aux autres en formant masse, couvrent le sol d'une couche épaisse, très étendue, et se meuvent

(1) Voici où la confusion commence : le Criquet est un *Acridien* et la vraie Sauterelle une *Locuste*, et c'est du Criquet qu'il est ici question.

vers le nord en contournant les grands obstacles avec un ensemble formidable, irrésistible.

« Très lente au début, l'invasion devient plus rapide à mesure que l'insecte augmente de taille et de force, et quand il a acquis toute la vigueur de la jeunesse, c'est le flot dévastateur qui prend possession de l'espace jusqu'aux limites du regard de l'homme.

« La voracité du Criquet acquiert un tel caractère d'absorption destructive que l'imagination arabe l'a dépeint d'un seul mot qui indique bien la terreur dont l'approche du fléau frappe les indigènes ; ils appellent cette masse sinistre *nahr*, c'est-à-dire le feu, l'incendie.

« Le Criquet attaque avec la même furie la végétation herbacée et la végétation ligneuse. Cependant le roseau, le laurier-rose, le mélia, le collodium restent à l'abri de ses atteintes. Il en est de même de l'eucalyptus, cette moderne importation de l'Australie, qui étonne l'habitant de l'Algérie par la puissance et la rapidité de son développement. Mais toutes les céréales, orges, blés, avoines, tous les légumes, toutes les plantes fourragères sont fauchées à la racine sur le passage des ravageurs. Ils grimpent jusqu'aux plus hautes ramures, rongent la fauche et le fruit de l'arbre, et l'entament dans son écorce. Tout Criquet qui succombe dans ce flot condensé, ou qui est même simplement blessé, est immédiatement dévoré par son entourage.

« Né au commencement du printemps, le Criquet ne subit sa dernière transformation qu'après plusieurs mues successives. Cette phase dure trente jours. A cette période de son existence, il prend des ailes et *devient Sauterelle* (1). Avec l'hésitation qui a suivi sa naissance, il essaye, après cette métamorphose, la force de son vol, et quand survient un vent favorable, l'immense essaim s'enlève et s'enfuit au nord vers des moissons plus jeunes.

« Cette deuxième génération confie à la terre les grappes d'œufs destinés à éclore au printemps suivant. Le Criquet qui provient de cette éclosion s'appelle en arabe *Bou-Amar*, et ceux qu'il procrée sont les *Ouled-Bou-Amar*, ou les enfants du *Bou-Amar*.

« Descendus du Locuste prototype, les uns et les autres subissent, dans les divers degrés de leur existence, les mêmes accidents que ceux qui les ont précédés dans leur mission dévastatrice, à cette différence que la dégénérescence apparaît dès la deuxième filiation.

« Le *Bou-Amar*, devenu, depuis l'invasion de 1866, en Algérie, une sorte de race autochtone, est moins vorace et moins fécond que le *Merad*. On compte de trente-cinq à soixante-dix germes seulement dans ses grappes d'œufs (2). Elles sont déposées dans le sol à une profondeur moindre que par ses procréateurs, ce qui indique une diminution de puissance dans les or-

----

(1) Il est bien entendu que ce membre de phrase : *et devient sauterelle*, est de trop, et qu'un Criquet ne peut pas plus devenir Sauterelle qu'un pigeon faisan.

(2) On en compte de quatre-vingts à cent dans celles du *Merad*.

ganes abdominaux de la femelle. On remarque que ses œufs sont d'une telle rusticité qu'ils échappent, sans décomposition, à l'action des neiges et des grands froids.

« La vitalité, d'ailleurs, et la fécondité des *Sauterelles* diminuent dans leur descendance à mesure que celle-ci s'éloigne du sud. Ainsi, des expériences faites à l'oasis de Laghouat, limite de nos possessions au seuil du Grand-Désert, ont appris que le double décalitre de grappes d'œufs produit une quantité de 540,000 germes, tandis que, dans le cercle de Médéa, la même mesure de grappes issues des Criquets n'en fournit que 60,000 ; soit, par litre, 27,000 au désert, 3,000 dans le Tell.

« Les *Ouled-Bou-Amar*, la dernière des générations d'Orient au Tell, est une espèce neutre de race épuisée et inapte à la reproduction. Ils dévorent les produits de la terre, il est vrai, mais leurs agglomérations disparaissent par la mort successive des individus qui les composent, et loin d'être une cause de péril pour l'avenir, ils offrent un engrais fécond aux champs couverts de leurs dépouilles.

« Le fléau disparaîtrait donc tout à fait de nos possessions algériennes en peu d'années par l'abâtardissement progressif de l'espèce, si les sables du Grand-Désert cessaient au printemps de vomir de jeunes et vigoureuses émigrations.

« Avec un peu d'observation, les diverses générations sont faciles à reconnaître. La teinte de la robe de l'insecte est l'indice le plus sûr. Les nuances primitives s'effacent peu après pour faire place, chez l'*Ouled-Bou-Amar*, à une coloration complètement rouge... »

Le fléau a diminué d'intensité depuis l'invasion mémorable de 1866, où les Criquets, dans le Tell surtout, produisirent si exactement l'effet d'un incendie qu'en vingt-quatre heures tout le pays fut complètement privé de végétation, sauf les arbres, rongés *seulement* jusqu'à l'aubier, et les vignes, frappées de stérilité pour trois années. Ils pénétrèrent dans les habitations, malgré tous les efforts, et y dévorèrent toutes les étoffes à tissu végétal. Enfin leurs ravages ne causèrent pas seulement la famine en 1867 et 1868, mais, en tombant en masses épaisses dans les fontaines et les réservoirs naturels du Sahara, ils provoquèrent les épidémies qui ont désolé ces deux années.

Voilà des musiciens d'un entretien bien coûteux.

Avec les Cigales, qui appartiennent à l'ordre des Hémiptères, ni plus ni moins que les Punaises, nous voici assez loin des formes généralement élégantes des Sauterelles et des Criquets, et n'était leur *chant*, si hyperboliquement célébré par les anciens, nous serions obligé de nous demander par quelle aberration extravagante il a jamais été possible de confondre des êtres si dissemblables. Les Cigales ont, en effet, le corps gros et ramassé, des antennes très courtes, de gros yeux saillants, et enfin ce fameux appareil musical si différent de tout ce que nous avons vu jusqu'à présent.

« C'est, dit M. E. Blanchard, un appareil situé à la base de l'abdomen, qui consiste en deux cavités, re-

couvertes chacune séparément par une sorte de volet susceptible de se soulever et de s'abaisser. A l'intérieur, les deux loges, séparées par une cloison, offrent en avant une membrane molle ; en arrière, une membrane mince, tendue, que l'on nomme le *miroir* ; de chaque côté, une membrane plissée, appelée la *timbale*, adhérente à une pièce triangulaire de consistance solide. Des muscles puissants, attachés à cette pièce, mettent les timbales en vibration. Le son se produit dans la cavité et résonne avec plus ou moins de force, suivant que les volets s'élèvent ou s'abaissent... »

Hildreth compare l'instrument des Cigales de l'Amérique à une double cornemuse. « Elles font, dit-il, un grand tapage en se servant de leurs poches aériennes ou cornemuses. Ces poches sont placées sous ou plutôt derrière les ailes, sous les aisselles et en quelque manière comme on en use avec une cornemuse, qu'on place sous le bras pour en jouer. Je ne pourrais comparer à aucune autre chose leur appareil musical ; et en toute sincérité, je soupçonne le premier inventeur de la cornemuse d'en avoir emprunté l'idée de quelque insecte de cette espèce. »

Certaines espèces d'Amérique, de l'Amérique tropicale surtout, produisent des sons très forts, qui s'entendent en mer à plus d'un kilomètre et demi de distance de la côte. Latreille avait déjà constaté, du reste, le tapage assourdissant causé par la *Cigale Dix-sept ans* de Pensylvanie : « Elle fait un tel bruit, dit-il, que lorsqu'il y en a plusieurs ensemble, on ne peut s'entendre parler. »

Le chant de la Cigale, à tout prendre, n'a rien d'harmonieux ; et si Homère, Hésiode, Théocrite, Anacréon et bien d'autres l'ont si fort exalté, c'est donc que la Cigale des Grecs ressemblait bien peu à celle que nous connaissons, ou bien que les Grecs, nos maîtres et nos modèles sous tant d'autres rapports, n'avaient en fait de musique que des goûts fort primitifs.

Contrairement à ce que nous avons vu chez les Orthoptères musiciens, la Cigale femelle porte l'appareil musical si bruyant chez le mâle, mais à l'état rudimentaire et sans qu'elle en puisse tirer aucun son. De sorte que Xénarque a pu dire avec vérité, sinon avec galanterie : « Heureuses les Cigales, car leurs femelles sont privées de la voix ! »

Les Cigales se tiennent sur les arbres, dont elles sucent la sève. La femelle est pourvue d'une tarière en scie au moyen de laquelle elle fait dans les branches mortes des trous où elle dépose ses œufs, un par trou, et elle en pond de cinq à six cents !

Comme autrefois les Grecs, les Chinois et les Espagnols conservent dans de petites cages des Cigales, dont ils aiment le chant, ce qui offre une nouvelle preuve que tous les goûts sont dans la nature. Cigales, Sauterelles ou Grillons, on a vu d'ailleurs que tous ces chanteurs ont leurs partisans, qui ne se bornent pas à une admiration platonique des talents de leurs protégés.

Les Criquets ne sont guère conservés qu'à l'état de salaison et pour être mangés.

Mais parmi les chanteurs (ou les parleurs) que

l'homme ne s'avisera pas de longtemps de tenir en cage, pour jouir de leur bavardage ou de leurs concerts, combien le mériteraient peut-être mieux que les Cigales ou les Criquets? Seulement, pour percevoir leurs sons, il faudrait faire usage d'un instrument d'invention récente, le microphone, qu'on croirait vraiment imaginé dans ce but et qui a, d'ailleurs, rendu déjà des services dans cette voie où nous regrettons de ne point voir quelque esprit aventureux le pousser plus avant.

Est-ce que, grâce au microphone, un expérimentateur avisé n'a pas découvert que la Mouche domestique fait entendre un son comparable au hennissement du cheval? — Et remarquez bien que l'innocente victime de cette expérience avait été préalablement dépouillée de ses ailes, et que, par conséquent, il ne saurait être question, dans l'espèce, d'une forme quelconque du bourdonnement.

Il résulte de tout ceci, incontestablement, qu'il nous reste beaucoup à apprendre des mœurs des insectes, puisque nous ignorons, que nous méconnaissons même quelquefois leur langage, et que nous ne voulons bien reconnaître pour musiciens, parmi eux, que ceux qui crient plus fort que les autres : erreur que nous commettons tous aussi naïvement, du reste, quand il s'agit d'hommes.

III

INSECTES LUMINEUX ET ÉLECTRIQUES

(HÉMIPTÈRES, COLÉOPTÈRES)

La famille des *Cicadides*, dont la Cigale est le type, est certainement une des plus intéressantes de l'ordre des Hémiptères; mais la famille voisine, celle des *Fulgorides*, dont nous avons en passant signalé l'existence, ne le lui cède guère. Nous avons déjà dit qu'on sait peu de chose des mœurs de ces insectes, que Westwood dit être « chanteurs nocturnes », bien que l'on ne trouve sur leur cadavre aucun vestige d'appareil musical, du moins suivant les formes connues ou supposées telles ; car l'appareil pourrait être interne, comme celui dont nous faisons usage vous et moi, et alors assez difficile à découvrir. Mais les Fulgores sont intéressants par d'autres points.

Les Fulgorides sont en général des insectes fort jolis, brillants des couleurs les plus vives et variées à l'infini ; ils sont à la vérité peu nombreux en Europe, mais ils fourmillent dans les régions tropicales.

Les vrais Fulgores, insectes de grande taille, ont le front prolongé par une sorte de vessie de la largeur de la tête et presque aussi longue que le reste du corps. Cette espèce de vessie s'illumine dans la nuit d'une vive clarté. On appelle les individus munis de cet appendice lumineux *Fulgores Porte-Lanterne*.

A la Guyane, au Brésil, à Surinam, le voyageur qui a eu la bonne fortune de s'emparer d'un Fulgore Porte-Lanterne ne peut se lasser d'amirer ce bel insecte et la lueur resplendissante qu'il répand autour de lui. Les Indiens le considèrent avec un ravissement enfantin ; leurs filles s'en font des ornements de chevelure comme les plus opulentes et les plus coquettes Européennes ne sauraient en rêver de plus magnifiques ; eux-mêmes en décorent leurs vêtements de cérémonie et les harnais de leurs chevaux, ayant grand soin de se pourvoir d'avance d'un grand nombre de ces insectes lumineux.

Sibylle Mérian a raconté comment, par une belle nuit, elle ouvrit une boîte renfermant des Fulgores Porte-Lanterne, et quelle frayeur elle éprouva en voyant s'éparpiller dans la chambre ce bouquet de feu d'artifice imprévu.

D'autres Fulgores, appartenant au genre *Pyrops*, ont, au lieu de la vessie des Fulgores Porte-Lanterne, un prolongement tubulaire du front également lumineux. Ces insectes, qui habitent principalement la Chine, sont d'un jaune orangé, avec les ailes ornées de bandes verdâtres tachetées de noir. On les appelle *Fulgores Porte-Chandelle.*

Beaucoup de Fulgorides manquent de prolongement frontal et n'émettent point de lumière, ce qui n'a pas empêché de leur conserver leur nom caractéristique. D'autres propriétés non moins étranges appellent sur ces insectes l'attention de l'observateur, et puisque c'est leur place dans la classification qui nous y convie, nous en dirons quelques mots en passant.

L'abdomen de certains Fulgorides de l'Amérique du Sud, connus pour n'être point lumineux, sécrète une espèce de cire molle, blanche comme l'albâtre, qui s'en échappe en flocons allongés. Probablement ces Fulgorides habitent également l'Afrique, et c'est à quelque spécimen de ce genre, ou d'un de ces genres, que Livingstone fait certainement allusion dans le passage suivant de ses *Missionary Travels :*

« J'ai eu l'occasion, dit l'illustre missionnaire explorateur, d'observer un curieux insecte, qui habite les arbres de la famille des figuiers, dont il se trouve ici plus de vingt espèces. Sept ou huit de ces insectes se rassemblent en un point déterminé sur l'une des plus petites branches de l'arbre, et là, ils entretiennent une distillation constante d'un fluide clair qui, tombant goutte à goutte sur le sol, forme au-dessous une espèce de petit bourbier. Si dans la soirée on place, au-dessous de ces insectes en travail, un récipient quelconque, on le retrouvera, le matin suivant, rempli du fluide en question, dans la mesure de trois à quatre pintes (1 litre 70 à 2 litres 27).

« Un insecte Hémiptère analogue, mais beaucoup plus petit, de la famille des Cercopiens, est connu en Angleterre sous le nom de *Froghopper* (*Aphrophora spumaria*), lorsqu'il a atteint tout son développement et est pourvu d'ailes ; mais dans son premier âge, on l'appelle *Cuckoo Spit*, à cause d'un petit amas d'écume dont il s'enveloppe. L'espèce africaine est cinq à six fois plus grosse que celle-ci. »

Les naturels pensent que l'insecte tire ce fluide de la sève de l'arbre, ce qui paraît assez vraisemblable. Mais Livingstone, ayant examiné une branche sur laquelle une petite colonie de ces curieux Fulgorides venait de se livrer à son travail de distillation, ne put découvrir ni blessure ni nulle trace de piqûre ; il en conclut que l'air absorbé leur fournit beaucoup de la substance de ce fluide, en un mot que cette distillation n'est pas autre chose qu'une sécrétion spontanée.

Ayant trouvé quelques-uns de ces insectes sur une plante d'où l'on tire l'huile de castor, dit-il, il enleva 20 pouces de l'écorce entre les insectes et le cœur de l'arbre, détruisant, à l'endroit où ceux-ci étaient établis, tout le tissu végétal portant la sève. La distillation n'en continua pas moins, sur le pied d'une goutte toutes les 67 secondes et de cinq cuillerées et demie en vingt-quatre heures. Le lendemain matin, quoique la sève dût manquer complètement, la quantité de fluide augmenta considérablement, la distillation donnant une goutte toutes les 5 secondes ou une pinte par vingt-quatre heures. Livingstone fit alors une telle entaille à la branche qu'elle se brisa ; mais les insectes y restèrent attachés et leur travail n'en éprouva aucun ralentissement, tandis que sur une branche intacte du même arbre, une autre colonie mettait 17 secondes à produire une seule goutte de la sécrétion.

Comme les choses demeurèrent longtemps en cet état, et que les insectes continuèrent à prospérer sur leur branche cassée, il faut bien croire que la sève des arbres sur lesquels ils s'établissent n'est pour rien dans l'affaire. Mais alors à quoi bon?...

De même pour l'*Aphrophore écumante*, à laquelle Livingstone compare l'insecte africain, et dont on trouve la larve ou la nymphe enveloppée d'une mousse blanchâtre, sur les feuilles des saules et des osiers, au bord de l'eau ; cette mousse est une sécrétion de l'insecte à l'état de larve, et il s'en enveloppe comme d'autres d'une coque soyeuse, papyracée ou autre, pour y subir ses transformations. Mais la comparaison, si elle peut être poussée jusque-là, reste toutefois incomplète, car l'Aphrophore écumante ne poursuit pas son travail au delà des limites du nécessaire.

Les Pucerons forment une autre famille non moins curieuse du même ordre. Eux aussi exsudent de leur corps une substance liquide, sirupeuse ou cireuse ; mais, par malheur, c'est bien de la sève des plantes qu'ils la tirent. Le Puceron lanigère, destructeur du pommier, s'enveloppe ainsi d'une matière cireuse qui lui fait comme une sorte de cuirasse et coule de son corps en flocons blancs. De même le Puceron du rosier, qui se gonfle de sève au point d'éclater, s'il ne s'arrêtait de temps en temps pour relever son abdomen monstrueux et le décharger du trop plein, qui apparaît sous la forme de petites perles liquides à l'orifice des deux petits tubes qui terminent cet abdomen insatiable.

Cette sécrétion du Puceron du rosier et de plusieurs autres espèces de la même famille est un liquide mielleux très apprécié d'insectes fort divers, mais surtout des Fourmis, qui savent la provoquer par une sorte de friction exercée au moyen des antennes sur l'abdomen de l'animal, et qui élèvent dans ce but, comme nous venons de le montrer, de véritables troupeaux de Pucerons dans le voisinage de leur nid.

Les Pucerons pullulent de la manière la plus désastreuse, d'autant plus que les deux sexes ne sont pas indispensables pour assurer leur propagation : un seul individu, d'après le calcul d'un naturaliste patient, peut à lui seul donner naissance à un *quintillion* de descendants dans l'espace d'une seule année.

Le Phylloxéra, cousin-germain du Puceron, n'est pas moins bien doué, pour notre malheur. Mais ce n'est pas ici le lieu de nous étendre sur les phénomènes de propagation et de multiplication dont ces intéressants Hémiptères nous offrent de si désagréables exemples, ni sur leurs exploits dévastateurs, comparables seulement à ceux des Criquets.

La Cochenille, qui appartient au même ordre, sécrète également une matière cireuse dont elle s'enveloppe comme d'une cuirasse protectrice; comme le Puceron et le Phylloxéra, elle passe sa vie à sucer, à s'engraisser, d'une manière extravagante, au grand détriment des végétaux honorés de son choix. L'homme s'en venge comme il peut, en tirant de diverses espèces des cires et des matières tinctoriales très estimées.

Les insectes lumineux dont nous allons maintenant nous occuper appartiennent à l'ordre des Coléoptères.

Nous parlerons d'abord du Ver luisant ou *Lampyre*, le plus répandu de tous et par conséquent le mieux connu sous une forme ou sous une autre.

Dans les belles soirées de la fin de l'été ou du commencement de l'automne, on rencontre fréquemment, perçant l'herbe d'un éclair soudain, semblable à l'étincelle électrique, le *Ver luisant*. C'est un petit insecte au corps élancé, mou, un peu aplati, aux élytres flexibles, et dont le corselet avance sur la tête comme un bouclier. Les femelles, plus grosses que les mâles, n'ont que des ailes rudimentaires, impropres au vol, et l'apparence de larves, dont elles ne se distinguent guère que par leurs moignons d'ailes, et par leurs pattes et leurs antennes plus longues. Les larves, très carnassières, dévorent les limaces et les colimaçons, et s'établissent souvent dans la coquille de quelqu'un de ces derniers, après l'avoir scrupuleusement vidée, pour y subir leurs transformations.

Larves, nymphes, femelles, mâles, en tout cas, jouissent également de la propriété de produire une sécrétion lumineuse plus ou moins intense entre les anneaux de leur abdomen. Dans notre pays, les femelles seules toutefois sont lumineuses.

La matière productrice de la lumière, chez le Lampyre, est épaisse et granuleuse, sans trace de phosphore, logée dans des groupes de petites cellules en communication avec l'air extérieur par de nombreuses trachées, ce qui a suggéré l'idée d'une combustion entretenue par l'oxygène. Dans une note lue à la séance de l'Académie des Sciences du 16 février 1880, M. Jousset de Bellesme a décrit ses « Recherches expérimentales sur les phosphorescences du Lampyre », qui sont pleines d'intérêt, mais qui n'aboutissent malheureusement qu'à une hypothèse de plus.

Quand on écrase un Ver luisant, les traces lumineuses persistent sur le sol pendant quelque temps, parce qu'il reste des fragments des cellules ; mais si l'écrasement est subit et complet, rien ne reste et la lumière disparaît. Donc pas d'emmagasinement de matières phosphorescentes ; autrement l'écrasement, en étalant cette matière sur une large surface au contact de l'air, ne ferait que produire une plus grande étendue de lumière. La persistance de celle-ci après l'exécution est due en conséquence à celle de la vie dans quelques groupes de cellules restées intactes. L'intervention de la vie est donc indispensable à la production de la lumière, et la phosphorescence serait un phénomène de même ordre que le mouvement musculaire.

D'après M. de Bellesme, la substance phosphorescente serait un produit gazeux, la structure de la
glande ne donnant pas l'idée d'un organe à sécrétion
liquide; et comme les produits chimiques phospho-
rescents à la température ordinaire sont assez peu
nombreux, cette substance lui paraît être l'hydrogène
phosphoré. La similitude évidente de cette phosphorescence avec celle des matières en décomposition due
à un dégagement d'hydrogène phosphoré milite assurément en faveur de cette hypothèse. L'intermittence
de la phosphorescence chez les animaux, tandis que
dans les matières en décomposition elle est continue,
s'expliquerait par l'excitation du système nerveux, sauf
chez les animaux inférieurs, qui auraient besoin d'une
excitation étrangère.

Quoi qu'il en soit, le phénomène n'en est pas moins
curieux et singulièrement agréable. Les Lampyres de
nos contrées se rencontrent isolés; mais, en Italie, les
mâles s'assemblent par milliers, voltigeant au-dessus
des hautes herbes ou dans le feuillage des arbres,
offrant un spectacle incomparable, qu'on garde dans
la mémoire comme le souvenir d'une illumination
magnifique.

Tout le monde connaît le Taupin. C'est un petit insecte noir, au corps allongé, légèrement convexe et
très dur, aux pattes courtes et aux antennes en peignes. Renversé sur le dos, l'exiguité de ses pattes les
lui rend absolument inutiles pour se relever; alors que

fait-il ? Il se contracte de manière à faire pénétrer la pointe qui termine le prosternum dans une cavité correspondante du mésosternum, laquelle se détend ensuite brusquement, faisant ressort, sous un nouvel effort de l'animal, qui saute en l'air et retombe sur ses pattes, s'il a de la chance ; mais s'il tombe sur le dos, il en est quitte pour recommencer jusqu'à succès complet. Et peu d'acrobates seraient capables de sauter à moitié aussi haut que lui, comparativement, et un aussi grand nombre de fois consécutives.

Eh bien, l'insecte splendide connu des savants sous le nom de *Pyrophore du Mexique*, et des autres sous celui de *Cucuyo*, est un Taupin de l'Amérique méridionale, mais un Taupin plus grand et puissamment lumineux, ce qui le distingue beaucoup du nôtre.

L'appareil lumineux du Cucuyo se compose de trois organes distincts, dont un entre les anneaux de l'abdomen et deux sur le dos, en arrière du corselet. Ces derniers sont recouverts de plaques ovalaires transparentes qui sont comme les verres des lanternes qu'elles protègent, et sous lesquelles se trouve un tissu grisâtre, charnu, humide et demi-transparent, reposant sur une couche de graisse traversée par des trachées et des nerfs. L'organe abdominal n'est enveloppé que de la membrane, transparente en ce point, qui réunit l'abdomen au thorax.

La structure des organes lumineux du Cucuyo ne diffère pas essentiellement de celle de l'organe de notre Ver luisant, et les expériences auxquelles leur étude a

Le Criquet *(page 44)*.

donné lieu ont reproduit les mêmes phénomènes. Il
n'y a que peu d'années encore que des Pyrophores
vivants ont été vus et examinés pour la première fois
à Paris; ils venaient du Mexique, mais on en trouve
également dans les Antilles et dans les régions les plus
chaudes du continent américain. La lumière verdâtre
qu'ils émettent est assez éclatante pour permettre de
lire dans l'obscurité avec son seul secours, en promenant toutefois l'insecte au-dessus du texte qu'on veut
lire.

Comme les Fulgores, les Cucuyos servent d'ornement de tête, et même de cou, paraît-il, aux femmes
de Cuba, du Mexique ou du Brésil se promenant dans
l'obscurité d'une soirée sans lune. Elles les enferment
dans de petites cages de tulle clair qu'elles disposent
ensuite en colliers, en pendants d'oreilles, ou fixent à
des rubans et dans les calices des fleurs artificielles
qui concourent à leur parure.

Nous le répétons, il y a seulement quelques années,
le Cucuyo n'était guère connu en Europe que par les
récits des voyageurs, récits fourmillants d'erreurs, empreints d'exagération et enjolivés de légendes locales.
En 1873, MM. Ch. Robin et Laboulbène en ayant disséqué plusieurs ont pu fixer d'une manière certaine le
triple siège de l'organe lumineux, détruisant ainsi la
théorie de Brown qui voyait cet organe dans toutes
les parties intérieures de l'insecte, et rectifiant celles
de Lacordaire et de Lucas. De même, pour la durée de
l'existence du Cucuyo en captivité; on prétendait qu'elle

ne dépassait pas quinze jours à trois semaines, et
M. E. Blanchard a pu en conserver de vivants pendant
plusieurs mois; notez qu'ils avaient fait la traversée
du Mexique.

On assure qu'avant l'arrivée des Espagnols, les Indiens des contrées où abonde le Cucuyo ne se servaient
pas d'autre éclairage que celui que leur fournissait la
lumière répandue par cet insecte ; cela n'a rien d'éton-
nant, puisque dans d'autres contrées un feu de bran-
chages leur suffisait. Les anciens auteurs, à notre avis,
se sont un peu trop étendus sur ce sujet. « Lorsque
les Indiens, dit Valmont de Bomare, voyagent pendant
l'obscurité de la nuit, ils s'en attachent un à chaque
orteil du pied et en portent un autre à la main; c'est là
aussi le flambeau, la lanterne dont ils se servent pour
aller à la chasse de l'*utias*, espèce de petit quadru-
pède de la grandeur d'un rat. On prétend que si on se
frotte le visage avec l'humidité provenant des taches
luisantes ou étoiles de ce petit phosphore vivant, on
paraît tout resplendissant de lumière, tant qu'elle
dure. »

Enfin le Cucuyo rend à l'homme des services très
appréciés dans un autre genre, comme grand destructeur de moustiques. On lâche dans la maison soigneu-
sement close quelques-uns de ces insectes, et il paraît
que leur premier souci est de se jeter aussitôt à la
recherche des moustiques dont ils nettoient les appartements en un tour de main.

C'est aussi chez les Hémiptères et les Coléoptères,

déjà riches en insectes lumineux, qu'on rencontre les principaux insectes électriques connus jusqu'ici.

« Les entomologistes nous apprennent, disait récemment à ce propos le *Scientific American*, qu'on connaît certains insectes jouissant de la propriété, comme le poisson électrique ou gymnote, de donner des commotions et des secousses électriques à ceux qui les touchent. Kirby et Spence décrivent dans leur Entomologie un de ces insectes, le *Reduvius aratus*, connu dans les Antilles sous le nom de « Wheel Eng » et qui jouit de cette propriété. M. Yarell a communiqué à la Société Entomologique deux cas de secousses électriques produites par des insectes : le premier, signalé par M. de Grey, de Gratz, produit par un scarabée de la famille des *Elateridæ,* qui se ressentait depuis la main jusqu'au coude quand on touchait l'animal; le second par une grande chenille velue, trouvée dans l'Amérique du Sud par le capitaine Blakeney, qui produisait une commotion vive, s'étendant dans tout le bras, et qui le paralysa pendant un moment, au point de faire croire à un médecin appelé en toute hâte que la vie de l'expérimentateur était en danger. »

Mais encore, quelle espèce de chenille? Il est fâcheux que le capitaine Blakeney ne soit pas naturaliste.

IV

CHASSEURS ET TIREURS

(NÉVROPTÈRES, COLÉOPTÈRES, ETC.)

Qui ne connaît ces gracieux insectes qui volent con-
tinuellement, en été, au bord des étangs et des rivières, et auxquels l'élégance et la sveltesse de leurs
formes, leurs brillantes couleurs, leurs ailes transparentes ont fait donner le nom de *Demoiselles ?*

Leur nom scientifique de *Libellules* n'est d'ailleurs
pas moins gracieux, par exception ; mais Libellule ou
Demoiselle, malgré son élégance et sa beauté, l'insecte
est remarquablement féroce.

Les Libellules forment la famille type de l'ordre des Névroptères. En effet, leurs ailes, presque d'égale longueur, sont très réticulées, plus que dans aucune autre famille ; leur tête est grosse, leurs yeux grands ; leurs antennes sont petites par exemple et leurs tarses n'ont que trois articles ; elles ont des mandibules à dents acérées, des mâchoires robustes, à un seul lobe, que terminent des pointes aiguës ; la lèvre inférieure est garnie de palpes courts et épais. On comprend qu'armées de la sorte, peu d'insectes puissent leur résister ; quand, dans leur vol rapide, les Libellules fondent sur une mouche ou un papillon, par exemple, elles le déchirent d'un seul coup de leurs terribles tenailles, puis se jettent à la poursuite d'une nouvelle victime.

A l'extrémité de l'abdomen, ces insectes portent des appendices qui deviennent chez les mâles de solides pinces, dont ils saisissent les femelles récalcitrantes. Comme les Phryganes et les Dytiques, les Libellules femelles laissent tomber leurs œufs dans l'eau sans s'en inquiéter autrement.

Les Libellules ne subissent que des métamorphoses incomplètes ; les conditions d'existence de la nymphe diffèrent à peine de celle de la larve ; elle est un peu plus allongée que celle-ci, possède des rudiments d'ailes, c'est tout. Larves et nymphes ont la tête plus aplatie, les yeux moins grands et plus écartés et le corps plus massif que l'insecte parfait ; elles ont des mœurs tout aussi féroces, toutefois, malgré la lenteur de leurs mouvements ; enfin, pendant ces premiers états, au lieu du vol rapide de la brillante *De-moiselle*, l'animal barbote lourdement dans la vase. La lenteur de ses mouvements ne l'empêche pourtant pas de s'emparer très habilement d'une proie plus agile. Armée d'une lèvre inférieure presque aussi longue que le corps, terminée par une paire de palpes trian-gulaires, dentés en scies et formant pince, laquelle au repos est rabattue sous le thorax, s'il passe à sa portée quelque proie confiante dans la distance apparente, la terrible lèvre se détend aussitôt et la pince va saisir au loin l'infortunée victime.

Les larves et les nymphes de Libellules ont, elles aussi, à compter avec des ennemis redoutables, mais elles leur échappent le plus souvent par un exercice très curieux : comme elles respirent par l'anus, et s'emplissent de la sorte le rectum d'eau, si quelque danger les presse, elles lâchent d'un coup toute cette eau, et cette expulsion violente les projette en avant avec la rapidité d'une fusée.

Au moment de leur transformation dernière, les nymphes de libellules grimpent le long des plantes aquatiques, sortent de l'eau, et restent là accrochées solidement ; enfin la peau se dessèche, se fend, et l'in-secte, après bien des efforts, s'en dégage, sèche ses ailes, s'étire et s'envole.

Les Myrméléons ou *Fourmilions*, à l'état parfait, ressemblent beaucoup aux Libellules : ailes moins réti-culées, yeux moins grands, antennes multiarticulées, tarses composés de cinq articles ; avec cela des mandibules aiguës, mâchoires et lèvres étroites garnies de longs palpes, antennes aux extrémités renflées, mais courtes : il faut y regarder de près pour établir la différence.

Entre les larves des deux espèces, par exemple, il n'y a plus aucun rapport ; et d'ailleurs l'insecte subit une métamorphose complète.

La larve du Fourmilion vit à terre , d'abord ; courte, large, épaisse, portée sur six pattes dont la dernière paire, seule, contribue à la locomotion, ce qui force l'animal à marcher à reculons, elle mourrait de faim si, pour satisfaire sa voracité, elle ne devait compter que sur la proie saisie à la course ; aussi a-t-elle recours à la ruse.

Pour achever le portrait de cet industrieux petit animal, nous dirons qu'il est d'un gris un peu rosé, armé de bouquets de poils noirs sur les côtés ; de sa tête se projettent deux mandibules longues et recourbées en crochets menaçants, indice de puissance, sinon d'agilité.

La ruse dont se sert l'insecte pour approvisionner son garde-manger consiste en un piège qu'il creuse dans le sable, en marchant à reculons naturellement : il trace d'abord un petit fossé circulaire, puis un autre au-dessous, et ainsi de suite, en décrivant des cercles de plus en plus étroits, et en se servant comme d'une pelle de sa tête plate pour se débarrasser de l'excès de sable produit par son terrassement. Le piège, terminé, a nécessairement la forme d'un entonnoir ; le Fourmilion se blottit au fond, dissimulé dans le sable, les mandibules étendues vers l'orifice.

Qu'une Fourmi, ou quelque autre petit insecte, vienne à passer sur le bord du fatal entonnoir — et le Fourmilion s'est assuré que la contrée était giboyeuse avant de s'y établir, — le sable cédera sous ses innocentes pattes : elle tentera de s e rattrapper aux parois ; mais celles-ci s'ébouleront , et d'ailleurs les deux terribles mandibules auront bie ntôt fait de faire rouler au fond l'imprudent insecte. Alors le Fourmilion le saisira, et de ses mandibules à suçoirs aspirera tout le suc de son corps, dont il rejettera ensuite la carcasse hors du trou.

Si l'insecte est trop gros, il n'échappe pas pour cela à son triste sort, car en faisant des efforts proportionnés à sa taille, il finit par s'ensevelir lui-même dans le sable, et le Fourmilion en a dès lors facilement raison ; après quoi, au lieu de réparer son entonnoir, il va en creuser un nouveau plus loin.

Toutefois, le Fourmilion a fait tout ce qu'il a pu pour prévenir la destruction de s on observatoire ; à mesure que les éboulements déterminés par les efforts désespérés du prisonnier cherchant à échapper au piège tendaient à le combler, il rejettait le sable au dehors à grand renfort de coups de tête, mais il a dû céder à la fin : on ne peut tout avoir. Il y a encore aujourd'hui des écrivains spéciaux, et des plus éminents, qui croient que le Fourmilion jette ce sable sur sa victime pour la faire tomber au fond de son trou ;

mais ils se trompent, l'ingénieuse larve n'y songe même pas ; peut-être sait-elle, plus instruite que les meilleurs entomologistes des lois de la statique, que ce serait se donner inutilement beaucoup de peine.

Arrivé au terme de son existence de larve, le Fourmilion s'enveloppe d'une coque soyeuse globulaire. Au moment de la métamorphose suprême, la nymphe déchire sa coque, et l'insecte paraît ; sous l'effort de l'inspiration , l'abdomen s'allonge , et c'est alors *presque* une Libellule qui s'élance à travers l'espace. Ses grandes ailes transparentes sont marquetées de taches noires et son corps porte une livrée gris foncé, panaché de taches jaunâtres ; — mais ses mœurs ont cessé d'être intéressantes.

Les Ascalaphes constituent un genre à part qui a été formé aux dépens des Fourmilions, dont ils ont les mœurs ; l'insecte adulte se distingue seul du Fourmilion, par des détails de forme sans importance ici.

On trouve ces insectes dans le Midi, principalement sur le littoral méditerranéen, d'où le nom d'*Ascalaphe méridional* donné à l'espèce type.

Les Phryganes ressemblent en plus d'un point aux Lépidoptères ; leurs ailes, au lieu des réticulations transversales qui se remarquent dans la plupart des autres familles, portent des poils implantés comme les écailles des Papillons, qui les couvrent entièrement et débordent en forme de frange ; les pièces buccales sont rudimentaires, molles, inutiles, en apparence du moins ; les pattes sont longues, garnies d'épines, les tarses composés de cinq articles; les antennes, longues et effilées, atteignent chez quelques espèces un développement triple de celui du corps, tête comprise.

Les Phryganes comptent un grand nombre d'espèces. Elles ont généralement une teinte grisâtre, brune ou jaunâtre. Elles volent le soir au-dessus des étangs ou des marais et sur le bord des cours d'eau.

A l'époque de la ponte, les femelles laissent tomber dans l'eau leurs œufs enveloppés d'une matière gluante qui ne tarde pas à les fixer aux feuilles flottantes des plantes aquatiques, aux pierres, etc.

Les larves des Phryganes, aussitôt écloses, se construisent des demeures, en forme de fourreaux, composées de toutes sortes de substances, suivant l'espèce : graviers, petits coquillages, fétus, brins d'herbe, débris de bois, etc., réunis et consolidés au moyen d'un peu de soie et d'une substance agglutinante sécrétée par l'animal; elles nagent en portant cet abri, d'où elles ne sortent que la partie antérieure du corps, qui rentre bien vite à la moindre apparence de danger. Ce sont proprement les Teignes aquatiques. Au reste, quoique chaque espèce manifeste des préférences évidentes pour les matériaux de cette sorte de nid, il est certain que, à défaut de choix, elles prennent ce qu'elles trouvent : on a réussi, en effet, à obliger des Phryganes à employer pour cet objet les substances les plus insolites, telles que le verre pilé, la poudre d'or, etc.; mais elles refusent obstinément tout objet à surface unie.

Vivant constamment dans l'eau, ces larves portent sur les côtés de l'abdomen des filaments propres à la respiration aquatique. Leur tête est protégée par une substance cornée, et les anneaux thoraciques par des plaques de même nature.

Arrivées au terme de leur croissance, elles fixent leur demeure provisoire sur un objet immobile, en ferment l'ouverture d'un filet à mailles épaisses, et s'y transforment en nymphes. Au moment de passer à l'état d'insecte parfait, elles percent ce filet, remontent à la surface, brisent leur enveloppe et s'envolent.

Les larves des Phryganes sont généralement très carnassières et ont leur place naturelle marquée dans cette petite collection de chasseurs, bien qu'elles ne se fassent pas remarquer par des procédés de chasse qui leur soient particuliers.

La Cicindèle est un de nos plus jolis Coléoptères; c'est aussi l'un des insectes carnassiers les plus voraces. Une tête plus large que le corselet, de longs palpes, des mandibules allongées et dentelées du côté interne, un corselet presque carré, un écusson triangulaire, des élytres arrondis, des pattes longues et grêles arpentant le terrain avec une extrême vivacité, tels sont ses principaux caractères; ajoutez à cela des couleurs métalliques brillantes, ponctuées de taches plus claires que le fond, et vous aurez notre petite Cicindèle des champs, qui peut rivaliser pour la beauté des couleurs et des formes avec les plus beaux insectes des tropiques.

Telle qu'elle est, nous le répétons, sa voracité est impitoyable; mais c'est à l'état de larve surtout que ses mœurs sont curieuses à étudier.

La larve de la Cicindèle des champs mesure un peu plus de deux centimètres de longueur; son corps, formé de douze anneaux, est mou et blanc; la tête, qui est très grosse, le premier anneau et les pattes ont la consistance de la corne, de même que les crochets dont sont armées les deux protubérances charnues du huitième anneau; nous verrons à quoi lui servent ces deux crochets.

Cette larve, aux mouvements aussi pétulants que ceux de l'insecte même, creuse dans le sable un trou vertical d'un diamètre suffisant tout juste pour lui faire comme une espèce de fourreau, mais profond d'environ 30 centimètres. Elle se tient dans ce trou de manière à ce que sa tête en bouche exactement l'orifice à fleur du sol; puis, cramponnée à la paroi au moyen des deux crochets du huitième anneau, elle attend. Qu'un petit insecte passe, sans prendre garde, sur ce couvercle improvisé, la larve, au premier attouchement, se détache et tombe au fond de son trou, où l'insecte, pris au piège, la suit naturellement, et est aussitôt dévoré. Cela fait, la larve insatiable remonte à l'orifice, attendant une autre proie de la Providence. Ses mœurs, on le voit, rappellent un peu celles des Fourmilions.

Très irascible, ce défaut de tempérament lui fait quelquefois oublier toute prudence, de sorte que le meilleur moyen de s'en emparer, c'est de l'agacer au

moyen d'un fétu ou de quelque objet semblable : au lieu
de se retrancher dans son trou et d'y faire la morte,
comme il lui arrive lorsqu'elle a le temps de prévoir le
danger, la larve de la Cicindèle se jette au contraire
sur le fétu, le mord et, plutôt que de lâcher prise, se
laisse enlever de sa demeure.

Le forage de cette espèce de puits demande du travail et du temps à l'ingénieuse larve, car il lui faut
détacher peu à peu la terre sableuse dans laquelle ce
travail est exécuté, et porter au dehors chaque charge
sur sa tête, d'ailleurs admirablement conformée pour
cet usage.

Arrivée à son entier développement, cette larve
s'enferme dans son trou dont elle bouche complètement
l'entrée et se transforme en nymphe, d'où l'insecte
sortira vers la fin de juillet.

Les Cicindèles affectionnent également un terrain
sableux et sec. Ch. Coquerel assure, toutefois, que la
Cicindèle de Madagascar marche sur l'eau, et qu'elle
traverse même un bras de mer d'une largeur assez
considérable.

Ce genre est très nombreux. On en compte près de
trois cents espèces.

Linné a surnommé les Cicindèles les tigres des
insectes (*tigrides insectorum*), et M. Blanchard appelle
la famille entière des Carabides, à laquelle elles appartiennent, « les animaux féroces de l'ordre des Coléoptères. » Plusieurs autres groupes de cet ordre ne le
cèdent guère, en effet, sous ce rapport, aux Cicindèles.

Les Carabes et les Scarites sont de ce nombre.

Tout le monde connaît le Carabe doré, ne fût-ce que sous son nom plus populaire de *Couturière*, ce joli Coléoptère d'un beau vert doré, aux antennes roussâtres, aux longues pattes, toujours en mouvement à travers champs ou à travers routes; chasseur infatigable, il s'en prend aux chenilles, aux limaces, aux insectes de toutes les tailles ou à peu près, y compris le hanneton, notablement plus gros et plus lourd que lui, et qu'il traîne à la remorque tout en lui dévorant les entrailles. Sa larve n'est guère moins féroce; elle se blottit généralement sous des pierres ou des mottes de terre sèche pendant le jour, chassant surtout la nuit. Ni l'insecte ni sa larve ne font preuve de beaucoup d'industrie, mais ils délivrent l'agriculture d'une quantité innombrable d'animaux nuisibles, — et pour la peine, il est bien rare qu'un cultivateur rencontre un Carabe doré sur son chemin sans l'écraser.

Jamais je n'ai pu obtenir qu'on me donne une raison à cette stupide immolation. Pour le crapaud, tout aussi méconnu, la réponse est invariablement celle-ci : « C'est une bête venimeuse, et puis elle est dégoûtante. » Mais pour le Carabe doré, malgré le liquide noirâtre qu'il projette dès qu'il se sent saisi, on ne l'imagine pas venimeux, et il est joli!

Les Scarites sont des insectes dont quelques espèces étrangères atteignent 7 à 8 centimètres de longueur, aux mâchoires crochues et aux mandibules fortement dentelées, larges, avancées et croisées au repos comme les lames d'une paire de cisailles. Ils sont généralement d'un noir luisant.

On trouve dans le midi de la France, sur le littoral méditerranéen, le Scarite géant, qui mesure en moyenne 4 centimètres de long. C'est ici l'insecte qui se blottit dans un trou à l'affût de la proie qui passe. Il se creuse, au moyen des extrémités élargies en forme de pelle de ses jambes de devant, un repaire dans le sable, où il se cache pendant le jour. La plupart des Carabides ont, du reste, des habitudes nocturnes ou crépusculaires.

Les Hydrophiles sont des insectes de grande taille et de couleur foncée, ovales de forme, avec des pattes postérieures aplaties et ciliées aux extrémités, admirablement conformées en conséquence pour la natation; le sternum est prolongé par une pointe longue et aiguë, dirigée en arrière, dont il est prudent de se défier. Ces Coléoptères vivent dans les eaux dormantes des étangs et des mares, des fossés et au besoin des ornières un peu larges et profondes. A terre, ils ont la démarche pesante, mais ils volent assez bien la nuit et nagent encore mieux.

On connaît plusieurs espèces d'Hydrophiles, répandues sur la surface du globe, et dont une seule habite nos contrées : c'est l'Hydrophile brun ou grand Hydrophile, le plus grand de tous, en effet, qui mesure plus de 6 centimètres de longueur et est de couleur brun olive.

Les Hydrophiles sont principalement herbivores,

mais carnassiers à l'occasion. Capables de rester longtemps sous l'eau, il faut bien pourtant qu'ils viennent de temps en temps à la surface pour respirer, ce
qu'ils font d'une manière qui leur est toute particulière.
Sa conformation massive ne lui permettant pas de se
maintenir horizontalement à la surface de l'eau, l'insecte
n'en sort que la tête, puis ramenant contre le corps
la massue d'une de ses antennes, il emporte une bulle
d'air qu'il conduit, le long de la pubescence des parties
inférieures de son corps, jusqu'aux stigmates, par une
manœuvre toujours intéressante à observer.

Mais ce n'est pas l'unique intérêt qu'offre l'observation des mœurs de l'Hydrophile, le seul insecte aquatique qui file un cocon; c'est surtout à cette époque
critique de la ponte qu'il est curieux à étudier. On doit
à Miger des détails précieux sur l'industrie déployée
par cet insecte à ce moment de sa vie.

« Dans les premiers jours du mois de mai, écrit-il,
je pris dans la mare du Petit-Gentilly, près Paris,
plusieurs Hydrophiles mâles et femelles, et je les mis
dans un bocal rempli d'eau, parmi des plantes aquatiques dont ils firent leur principale nourriture. Ils
dévorèrent aussi avec avidité des larves mortes et des
limaçons d'eau. Ces insectes s'accouplèrent, et quelques jours après une femelle se mit en devoir de filer
sa coque.

« Je la vis s'attacher au revers d'une feuille flottante,
s'y placer en travers, et, allongeant ses premières paires
de pattes, les appuyer sur le dessus et de chaque côté

de cette feuille de manière à lui faire prendre une
légère courbure. L'abdomen, fortement appliqué au
revers de la feuille, laissait voir à son extrémité deux
appendices qui s'avançaient et se retiraient rapidement
et successivement, et qui paraissaient fournir une liqueur
blanche et visqueuse.

« Cette liqueur était évidemment le principe de la
coque, et les appendices étaient les deux filières de
l'Hydrophile. En examinant plus attentivement ces
filières, je vis qu'elles déposaient çà et là dessous la
feuille, autour de l'abdomen et sans le dépasser, des
fils argentés qui, appliqués les uns sur les autres, for-
mèrent une petite poche demi-circulaire dans laquelle
l'extrémité de l'abdomen se trouva comme engagée.
Dix minutes après environ, l'Hydrophile, retirant ses
pattes de dessus la feuille, se retourna brusquement et
se plaça la tête en bas, sans retirer son abdomen de la
coque. Dans cette nouvelle position, l'insecte se tenait
à peu près immobile, ses quatre pattes antérieures
étendues et les deux autres fortement accrochées sous
la feuille et de chaque côté de la coque; pendant près
d'une heure et demie, je distinguai facilement, au travers du tissu, tous les mouvements de la filière : elle
formait un pinceau à deux brins qui se promenait de
droite à gauche et de haut en bas, avec beaucoup d'agilité, dans l'intérieur de la coque. Ce cocon fut complété,
s'épaissit et devint si compacte, qu'il me fût dès lors
impossible de distinguer les mouvements de la filière.

« Cependant quelques bulles d'air commençant à

s'échapper de la filière, je pensai que c'étaient les œufs qui occasionnaient ce déplacement; en effet, au moment où l'Hydrophile écartait son abdomen de l'extrémité de ses élytres, j'approchai une forte loupe et j'aperçus distinctement de petits corps oblongs et blanchâtres qui se plaçaient les uns à côté des autres et que les filières recouvraient à mesure d'une couche de liqueur blanche et transparente.

« En trois quarts d'heure la ponte fut achevée; l'insecte retira peu à peu son abdomen de dessous la feuille, ferma sa coque assez imparfaitement et prit une nouvelle position.

« Il lui restait à former la pointe qui termine cette coque. Pour y parvenir, l'Hydrophile, toujours la tête en bas, ramena ses pattes postérieures sur la feuille et les plaça de chaque côté de la coque. Les élytres, dont l'extrémité se trouvait à fleur d'eau, étaient écartés de l'abdomen et dépassés de quelques lignes par l'anus, qui était très dilaté. Rien ne cachait plus les filières; on pouvait en suivre tous les mouvements; ils étaient continuels et rapides. Il fallut néanmoins plus d'une demi-heure à l'Hydrophile pour former cette pointe : l'insecte portait çà et là, au-dessus de la coque et sur le bord de la feuille, un fil délié et jaunâtre, qui prenait au même instant de la fermeté; bientôt, de nouvelles couches étaient appliquées sur la première, et comme la dernière dépassait toujours la précédente de quelques lignes, il se forma insensiblement un appendice mince et conique, d'une couleur jaune citron, qui s'éleva à un pouce environ au-dessus de la surface de l'eau. Ce travail achevé, l'Hydrophile dirigea légèrement sa filière de haut en bas le long de la pointe, et ramenant à mesure tout son corps sous l'eau, il abandonna sa coque terminée. Tous les travaux de la ponte ont donc duré environ trois heures.

« L'Hydrophile a donc besoin d'un point d'appui pour asseoir les premiers fondements de son édifice ; toutes les plantes, sèches ou fraîches, lui sont également propres ; il y fixe sa coque. Ainsi l'on a fait erreur en disant qu'elle flottait isolément sur l'eau et que la pointe qui la termine servait de mât à cette espèce de petite nacelle ; cela doit tout au plus s'entendre de quelques coques vides que le hasard aurait ainsi placées. Une coque remplie d'œufs se renverse toujours par son propre poids, et c'est la partie supérieure qui est toujours submergée. Quel est donc l'usage de la pointe, de ce prolongement en forme de corne qui s'élève toujours hors de l'eau ? C'est probablement à l'introduction de l'air extérieur, tout porte à le croire.

« Tous les naturalistes connaissent les coques du grand Hydrophile. Leur forme est ovoïde et la pointe qui les termine les fait aisément remarquer sur la surface des eaux stagnantes. Comme elles sont pour ainsi dire moulées sur l'abdomen du Coléoptère, c'est la grosseur de l'insecte qui en détermine les proportions. Leur couleur est toujours blanchâtre, à l'exception de la pointe, qui est d'un brun foncé, l'air séchant et brunissant cet appendice qui, de plat qu'il était d'un seul côté, s'arrondit en forme de tube dans toute sa longueur.

« L'ouverture préparée pour la sortie des larves se voit à la base de cet appendice. Elle n'est ordinairement fermée que par quelques fils qui, à l'aide de l'air contenu dans la coque, suffisent pour empêcher l'eau d'y pénétrer. Si l'on ouvre une de ces coques par une section, on voit quarante-cinq à cinquante petits cylindres légèrement renflés et courbés vers leur sommet, et de la longueur de 4 millimètres, groupés en forme de croissant au milieu de la coque, tous dans une position à peu près verticale, à égale distance les uns des autres et placés chacun dans une case particulière. »

Aussitôt écloses, ces larves cherchent leur nourriture : elles croissent rapidement et deviennent bientôt très grosses ; elles chassent des petits insectes et des petits mollusques, quoique leurs préférences paraissent assurées aux substances végétales. Au moment de se transformer en nymphes, elles gagnent la terre, s'y creusent, au moyen de leurs pattes et de leurs mandibules, un trou d'environ 5 centimètres de profondeur au fond duquel elles se ménagent une loge à peu près sphérique, très lisse, où elles s'enferment. Au bout de trois semaines, la dernière métamorphose est achevée.

Il y a, à côté du grand Hydrophile, des espèces plus petites, différant extrêmement peu, tant au physique qu'au moral, de celui-ci, et dont il n'est pas utile par conséquent de parler longuement ; mais les Dytiques doivent nous arrêter au moins un instant.

Les Dytiques, gros insectes à peu près de la taille des Hydrophiles, sont mieux conformés encore que ceux-ci pour la vie aquatique. Ils ont le corps large et aplati, un peu bombé en dessus et caréné sur la poitrine, avec des pattes admirablement disposées pour la natation. Lorsqu'ils éprouvent le besoin de venir respirer à la surface, cette opération leur est facilitée par la disposition de leurs stigmates qui se trouvent à la surface dorsale de l'abdomen et protégés par les élytres, de sorte que l'eau n'y peut pénétrer. Parvenu à la surface de l'eau, le Dytique ouvre ses élytres voûtés pour y donner accès à l'air, il les rabaisse immédiatement et redescend au fond.

Insectes et larves sont carnassiers à l'envi l'un de l'autre ; ils dévorent jusqu'à des petits poissons et des têtards et tuent jusqu'aux grenouilles. Au moment de se métamorphoser en nymphe, la larve du Dytique agit comme celle de l'Hydrophile, c'est-à-dire qu'elle se creuse un trou dans la terre. L'insecte est moins intéressant sous le rapport de la ponte, car il laisse tout simplement tomber ses œufs dans l'eau, où ils donnent naissance à des larves qui ne tardent pas à montrer leur voracité.

Nous avons dans nos contrées, dans toutes les eaux stagnantes de l'Europe pour mieux dire, le Dytique bordé, brun verdâtre en dessus avec bordure jaunâtre, et fauve en dessous avec des raies noires à chaque anneau de l'abdomen. Les élytres du mâle sont lisses, ceux de la femelle cannelés. Le vol des

Dytiques est plus soutenu que celui des Hydrophiles.

D'après Latreille et Cuvier, le Scorpion a été admis dans l'ordre des Arachnides, quoique ne ressemblant guère à l'Araignée, dont il est par surcroît l'ennemi déclaré ; mais d'autres entomologistes le classent autrement, et quant à nous, la seule chose qui nous paraisse incontestable dans les mœurs de cette ignoble et venimeuse bête, c'est qu'elle se livre à la chasse des autres insectes dont elle fait sa nourriture.

Duméril décrit ainsi le Scorpion : « Pour donner une idée de la forme des Scorpions, nous dirons que leur corps, en général allongé, aplati, porte en avant deux palpes en forme de pinces ou serres formées de deux crochets dont un seul est mobile sur l'autre ; que leur abdomen se prolonge en une queue mobile faite de six articulations anguleuses, mais susceptibles de se mouvoir en-dessus ou de se redresser pour diriger le dernier anneau, armé d'un crochet venimeux, dans tous les sens que l'animal désire. »

Le dernier article de cette terrible queue forme un renflement, espèce de nœud ovoïde ayant, à sa partie médiane, une rainure correspondant à la séparation de deux glandes à venin qui communique par deux ou trois canaux avec la base du dard terminal, percé d'un ou plusieurs orifices près de son extrémité, par où s'écoule le venin au moment de la piqûre. Le dard, à pointe très acérée, est dur et légèrement arqué.

Le corps des Scorpions se compose d'une tête, d'un corselet et d'un abdomen très développé, formé de plusieurs anneaux distincts. Ils ont six ou huit yeux, dont deux beaucoup plus gros que les autres; ils ont aussi huit pattes. Sous le corps, près de la naissance de l'abdomen, se trouvent deux organes appelés *peignes*, dont les fonctions ne sont pas exactement connues.

Le femelle du Scorpion est plus grosse que le mâle; ses œufs sont au nombre de quarante à soixante; l'éclosion s'effectue dans le sein de la mère, d'où les petits sortent vivants; pendant plusieurs semaines après leur naissance, la mère les porte sur son dos.

Très répandus dans les pays chauds des deux continents, les Scorpions varient beaucoup de taille et un peu de forme, suivant les latitudes. Dans le midi de la France, ils ne dépassent guère 6 centimètres de longueur et en ont souvent moins de 3 ; mais en Afrique, ils atteignent quelquefois $0^m 15$, et jusqu'à $0^m 30$ à Batavia.

Ces Arachnides vivent à terre, cachés sous les pierres, dans les lieux sombres et frais; ils se réfugient à l'occasion dans les crevasses des vieux murs et, trop souvent pour les habitants, dans les plafonds ou dans les planchers des habitations. Ils sortent la nuit pour chercher leur nourriture, qui se compose généralement d'insectes et de larves qu'ils saisissent de leurs pinces toujours dirigées en avant, piquent de leur dard que leur queue recourbée en arc amène à la hauteur de la bouche, et dévorent ensuite. Quand les circonstances l'exigent, les Scorpions ne laissent pas de montrer un grand courage. Ainsi il n'est pas rare qu'un petit Scorpion s'attaque, par exemple, à une araignée plus grosse que lui : il la saisit de ses pinces, la pique par-dessus la tête, et si elle tente de l'envelopper de ses fils, lui coupe les pattes, l'achève et la dévore.

La démarche des Scorpions est lente en temps ordinaire. Les pinces en avant pour palper les obstacles qui pourraient se rencontrer, la queue à peine relevée, ils vont dans tous les sens, mais avec circonspection, cherchant une proie. Mais si on les irrite, ils reploient aussitôt leurs pinces-palpes pour se couvrir la tête d'une sorte de bouclier, leur queue se recourbe en arc sur le dos, se roidit, l'aiguillon en arrêt, cherchant où frapper l'ennemi ; ils reculent d'abord, mais c'est pour s'élancer tout à coup en avant avec vigueur et résolution.

Le genre Scorpion compte un grand nombre d'espèces, qui se distinguent les unes des autres par le nombre d'yeux, la forme des peignes et le nombre de dents que portent ces organes. Les principales espèces sont : Le *Scorpion commun* ou Scorpion d'Europe, brun foncé, deux paires d'yeux latéraux, peigne à neuf dents, queue plus courte que le corps ; 0ᵐ 027 : Europe méridionale. Le *Scorpion palmé*, trois paires d'yeux, peigne à huit dents ; le reste comme le précédent : Afrique. Le *Scorpion fauve*, trois paires d'yeux, de 28 à 33 dents à chaque peigne ; 0ᵐ 08 : zone des Oliviers, Europe et Algérie. Le *Scorpion d'Afrique*, ou Scorpion tunisien, brun foncé, cinq paires d'yeux, treize dents aux peignes, 0ᵐ 15. C'est à ce dernier que se rapportent les détails qui suivent, empruntés à un savant voyageur :

« Dans l'Ouargla aussi bien que dans l'Oued-Rirh,
dit M. V. Largeau (1), les Scorpions pullulent ; il m'a
été donné, nombre de fois, de panser les piqûres de
ces redoutables Arachnides. Je n'ai jamais vu d'enflure
se produire que pour les Scorpions du désert, par
lesquels j'ai été moi-même piqué, et qui sont moins
gros et moins dangereux que ceux des villes ; mais en
revanche j'ai vu des Arabes et des nègres, gens pourtant peu sensibles, se tordre par terre au milieu des
plus atroces souffrances. La douleur produite par le
dard du Scorpion, vive et aiguë autant qu'on peut
l'imaginer, se répand dans tout le membre avec la rapidité d'une commotion électrique ; au bout de quelques
instants, le mal, moins aigu, se généralise, et, comme
la piqûre n'est souvent pas marquée, il est difficile au
malade d'indiquer juste le point où elle se trouve.

« La piqûre du Scorpion est surtout redoutable pendant la canicule, où elle peut amener, en quelques
heures, la mort d'un homme robuste, ainsi que je l'ai
constaté à plusieurs reprises. Les cas où elle est le
plus souvent mortelle sont les suivants : si elle a lieu
aux parties secrètes, à la tête, sur une artère ou sur
un filet nerveux très sensible ; si la personne atteinte
est un jeune enfant ou une femme ayant son indispo-
sition chronique. Toutefois, si l'on peut procéder immédiatement à une cautérisation énergique, on n'a presque

(1) *Le Pays de Rirha, Ouargla*, etc., par **V. Largeau** (Ha-
chette, 1879).

jamais à redouter le dénouement fatal, même dans les cas spéciaux que je viens de citer.

« Voici quelques exemples, choisis entre cent.

« Le 16 juillet, c'est-à-dire à l'époque où les chaleurs sévissaient avec le plus d'intensité dans ce bienheureux pays d'Ouargla, le propriétaire de la maison que j'habitais en ville, Si-el-Hhadj-Guena, arriva tout essoufflé vers les 4 heures du soir, pour me prier d'aller guérir une de ses femmes qui avait été piquée par un Scorpion.

« M'étant muni du nécessaire, je me dirigeai avec lui vers le milieu de la forêt de palmiers, du côté du couchant; là il habitait un petit bordj, au milieu d'une clairière, séjour qui me parut avoir beaucoup d'attraits par les chaleurs qu'il faisait.

« Je trouvai la femme de mon propriétaire couchée à la porte du bordj, se tordant, le visage et le corps tout inondés de sueur, au milieu d'une vingtaine de commères que je fis aussitôt écarter.

« A mes questions on répondit que la malade avait été piquée, depuis plus de deux heures, sous le pied gauche et à trois reprises par le même Scorpion.

« Ayant examiné le dessous du pied, qui était recouvert d'une croûte épaisse et rugueuse, je n'y vis aucune trace de piqûre; mais après que l'on m'eût indiqué l'endroit présumé, j'y fis quatre incisions assez profondes pour amener quelques gouttes de sang, et j'y introduisis de l'ammoniaque dont je fis boire ensuite à la malade cinq gouttes dans un verre d'eau.

« Le lendemain matin, Si-el-Hhadj-Guena revint

chez moi de bonne heure me dire que sa femme avait souffert toute la nuit et qu'elle avait de fortes palpitations de cœur. Je prescrivis alors le jus de citron, et le mieux ne tarda pas à se manifester. Le soir, la malade était guérie.

« Le 20 du même mois, vers dix heures du soir, mon attention fut attirée par des cris partant de la place qui s'étend autour de la Casba. Comme j'allais monter sur ma terrasse pour voir ce qui se passait, on frappa brusquement à ma porte. J'y cours, on me crie :

« — Un homme piqué par un Scorpion !

« A peine avais-je ouvert, que deux nègres se précipitèrent dans ma cour ; derrière eux était une foule compacte, surtout de femmes et d'enfants ; je fermai aussitôt la porte, près de laquelle s'accroupit cette foule.

« Des deux nègres qui venaient d'entrer, l'un, naturellement très laid, faisait une grimace qui le rendait horrible. Il avait été piqué dans la paume de la main, à la naissance de la ligne du milieu ; on lui avait déjà fait deux incisions que l'on avait bourrées de tabac à priser, et l'on avait pratiqué, avec une sorte de câble en filament de palmier, une forte ligature au-dessous du poignet.

« Ayant procédé au nettoyage de la blessure, je ne vis aucune enflure, mais seulement un petit point noir, entouré d'une auréole rouge, un peu moins large qu'une pièce de 5 francs en or. Les incisions ayant été pratiquées à côté, j'en fis une nouvelle sur la piqûre même et j'y introduisis de l'ammoniaque, dont je fis avaler cinq gouttes au patient dans un verre d'eau; puis je le renvoyai en lui assurant qu'il n'en mourrait pas.

« Comme j'ouvrais la porte au malade et à son compagnon, j'aperçus mon domestique et un homme de la maison de l'agha qui causaient avec la foule toujours accroupie devant ma porte. J'eus alors l'explication des cris qui avaient assourdi mes oreilles.

« Dès que le nègre eut été piqué il s'était cru perdu et avait voulu fuir, sans doute pour échapper à la mort; mais son père et son frère l'avaient terrassé, non sans peine, et lui avaient pratiqué les incisions ainsi que la singulière ligature dont j'ai parlé.

« Mais à peine, l'opération terminée, s'était-il senti libre de ses mouvements, que mon gaillard avait escaladé les murs de sa bicoque et s'était lancé par les rues en criant :

« — Je suis mort ! je suis mort !

« Son père, son frère, leurs femmes, leurs enfants, l'avaient poursuivi en criant : « Arrêtez ! arrêtez ! » Tous ceux qui s'étaient trouvés sur leur passage, hommes, femmes et enfants, s'étaient joints à eux en poussant des cris assourdissants, et toute cette foule, précédée du piqué qui, lui-même, hurlait toujours, était enfin venue échouer devant ma porte, où la peur avait instinctivement conduit le braillard.

« Le lendemain, 21, on vint m'annoncer qu'une femme blanche à peine nubile, mariée depuis peu de jours à un Beni-Mzab du pays, était morte la veille au soir, en quatre heures, d'une piqûre de Scorpion au-dessus de la cheville gauche.

« Elle avait d'abord beaucoup souffert, puis un mieux se manifesta deux heures environ après l'accident (1); mais des palpitations survinrent, qui augmentèrent peu à peu jusqu'au moment où elle rendit le dernier soupir.

« Comme on demandait aux parents pourquoi ils n'avaient pas appelé le médecin, ils répondirent qu'ils avaient mieux aimé la laisser mourir que de la faire voir à un étranger.

« Voilà quels gens sont les Beni-Mzab !

« Pendant la canicule, deux hommes et une femme moururent encore à Ouargla, des suites de piqûres de Scorpions ; la femme et l'un des hommes succombèrent en deux heures.

« Ainsi que je l'ai déjà dit, les Scorpions du désert sont bien moins dangereux que ceux des villes ; je l'ai constaté plus tard, lorsque, étant en marche pour le Tidikelt, l'un de mes hommes fut piqué deux nuits de suite par des Scorpions, une fois sur la main et une autre fois dans le dos.

« Il se produisit une enflure qui dura à peu près vingt-quatre heures et, quoique la seconde fois il n'y eût point cautérisation, mon guide s'étant opposé à ce que cet homme m'éveillât pendant la nuit, le malade ne

---

(1) C'est-à-dire que la douleur, se généralisant, devint moins aiguë.

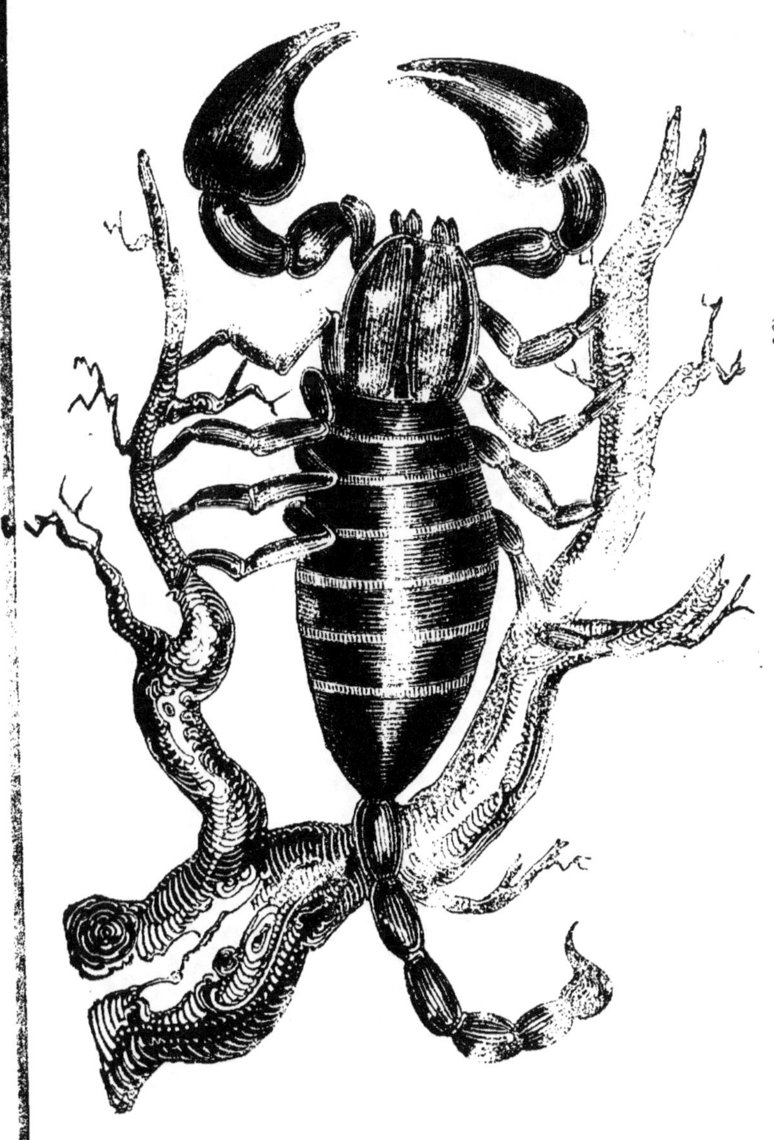

Scorpion d'Afrique, grandeur nature (*page 90*).

ressentit ni les douleurs atroces, ni les palpitations de cœur que j'avais constatées, pendant la canicule, chez les malades de la ville ».

Tous les Scorpions ne sont pas, du reste, également venimeux. On prétend même que des paysans tartares s'amusent à agacer les Scorpions de leur pays, classés pourtant parmi les *Androctones*, c'est-à-dire meurtriers à l'homme, et à s'en faire piquer sans en éprouver aucune incommodité. Mais il est certain que, si la piqûre de notre Scorpion du Languedoc n'entraîne pas toujours d'accidents fâcheux, cela arrive quelquefois, pendant les grandes chaleurs principalement. On observe dans ce cas chez la victime des symptômes analogues à ceux que décrit M. V. Largeau, en parlant des méfaits du Scorpion citadin.

Après avoir fait du Scorpion commun un monstre épouvantable, on en est venu à nier presque que sa piqûre fût dangereuse. Il faut se garder de toutes les exagérations, c'est le plus sage.

Les curieux petits Coléoptères dont suit l'histoire seraient moins intéressants que les insectes d'ordres divers qui les précèdent dans cette notice, à ne les considérer que comme chasseurs; mais ce sont des tireurs incomparables, qui ont à leur disposition une véritable artillerie et qui s'en servent comme il faut quand l'occasion se présente.

Au commencement du printemps, sous les pierres écroulées d'un vieux mur, ou encore sous des poignées d'herbes arrachées et à demi pourries, il n'est pas rare

de surprendre, en société de six ou huit membres,
plus ou moins, de petits insectes de 4 à 5 millimètres
de long, au corps d'un roux clair et aux élytres d'un
bleu ardoisé. Ce sont des Brachines, dont le groupe est
certainement l'un des plus curieux de la grande famille
des Carabiques, à cause des armes défensives et quelque peu offensives à l'occasion aussi dont ils sont
pourvus.

Prenez entre vos doigts un de ces petits insectes,
il s'agitera beaucoup d'abord, comme pour se dégager ;
voyant qu'il n'y peut parvenir, il s'arrêtera, se tiendra
immobile un instant, puis lancera par l'extrémité de
l'abdomen une sorte de vapeur à odeur pénétrante,
accompagnée d'une petite explosion, et qui, si elle
atteint la peau, y laissera une tâche jaunâtre. Cette
explosion se répétera plusieurs fois, autant de fois, en
somme, que l'état de ses munitions le permettra à l'insecte. Une glande rameuse dont les ramifications aboutissent à un conduit commun est enfermée dans l'abdomen du Brachine ; cette glande sécrète une liqueur
corrosive qui se volatilise au contact de l'air en produisant une explosion, quand l'insecte, ayant à se
défendre contre un ennemi plus fort, projette au dehors
cette liqueur par la contraction de ses muscles abdominaux.

D'après la nature des explosions produites, on distingue le Brachine crépitant, le Brachine bombardier,
le Brachine pétard, le Brachine tirailleur, etc., etc.

Ce dernier, beaucoup plus grand, noir, à corselet

rouge et à élytres cannelés, habite l'Espagne et les Pyrénées-Orientales. La liqueur qu'il lance, avec un bruit beaucoup plus sonore que notre petit Brachine, produit sur la peau, avec une sensation de brûlure, des tâches rouges qui brunissent et persistent plusieurs jours.

On rencontre dans les régions tropicales des Brachines dont la taille atteint 2 centimètres et qui produisent des explosions d'une violence proportionnelle, ayant des effets également plus accentués. La vapeur émise pendant ces explosions est, en outre, phosphorescente et lumineuse dans l'obscurité.

Tous les Brachines peuvent renouveler plusieurs fois leurs crépitations qui, peu dangereuses quand elles s'attaquent à l'homme, ne laissent pas d'intimider et même de décourager complètement les gros carnassiers ; mais après plusieurs explosions successives, l'animal s'épuise, finit par ne plus émettre qu'un liquide jaunâtre se figeant immédiatement au contact de l'air et sans produire d'explosion, puis par s'arrêter tout à fait.

Les Brachines ne sont pas seuls à posséder cette faculté de fusiller l'ennemi trop entreprenant. Les Paussus, petits insectes de la famille des Xylophages, aux formes curieuses et dont la taille varie de 4 à 14 millimètres, en sont également doués. Ces insectes sont fort répandus en Afrique. Une espèce a été découverte récemment dans le midi de la France. Geinzius, qui les a observés dans l'Afrique australe, en parle dans ces termes :

« Port-Natal paraît riche en Paussides; car, outre un *Pentaplatarthrus* et quatre espèces de *Cerapterus*, j'ai trouvé ici neuf autres espèces de Paussus... Tous lancent, lorsqu'on les saisit, un liquide caustique qui sort avec bruit de l'extrémité de l'abdomen. Chez le *Paussus Natalensis*, ce liquide teint, pour plusieurs jours, le bout des doigts en une couleur rouge de sang; chez les plus grands Céraptères, en brun violet comme de l'iode; mais le *Pleuropterus alternans* brûle l'épiderme jusqu'à faire des taches blanches. L'odeur de ce liquide est extrêmement acide, ammoniacale, et rappelle celle de l'iode. L'explosion se répète trois ou quatre fois, comme chez les Brachines, mais chaque fois plus faiblement, jusqu'à extinction... »

V

LES HYGIÉNISTES

(COLÉOPTÈRES)

Sommaire. — **Les Nécrophores** : Industrie du N. fossoyeur. Enterrement d'un cadavre. But de tant de labeur. Une ruse déjouée. Somme énorme de travail accompli par un seul Nécrophore. — **Les Boucliers** : l'enterreur de serpents. — **Les Bousiers** : le Géotrupe. Sa ruse pour échapper à un ennemi puissant. — **Le Scarabée sacré** : Culte voué par l'Egypte ancienne à cet insecte. Curieux travail. Transport et enfouissement de sa « pilule ». Les boules vides. Attaque sur la grande route. Lutte homérique. — Gymnopleures et Sisyphes. — **Les Cerfs-Volants.**

Les Nécrophores sont de petits insectes aux mœurs très curieuses et fréquemment étudiées en conséquence. Ils ne sont pas laids du tout, mais la nature de leurs occupations les rend peu ragoûtants, et l'odeur qu'ils répandent n'est sans doute bien appréciée que de leurs semblables.

Il y a plusieurs espèces de Nécrophores, qui diffèrent peu entre elles ; la plus connue est le *Nécrophore fossoyeur*. Cet insecte mesure environ 2 centimètres de longueur ; il est noir, avec deux bandes ondées d'un rouge vif en travers des élytres, une garniture de poils jaunes sur les côtés du corps et la massue des antennes rougeâtre. Il travaille la nuit, et l'on devine déjà à

quelle besogne, puisqu'il exerce la profession de fossoyeur.

Les Nécrophores fossoyeurs enterrent donc les petits
animaux dont ils rencontrent les cadavres dans les
champs ; dans quelle intention? Rœsel qui les a observés, en leur fournissant pour plus de sûreté les matériaux de leur travail, va nous l'apprendre :

« Si l'on pose, dit-il, pendant l'été, sur la terre, le
cadavre d'un animal tel qu'une taupe, une grenouille, ou
quelque animal de même taille, les Nécrophores ne tar-
deront pas à s'y rendre ; ils savent qu'ils n'ont aucun
temps à perdre pour n'être pas devancés par les Mouches
bleues de la viande.

« La troupe formée, on commence avant tout par
prendre les dimensions ; ils contemplent le cadavre en
tous sens pour estimer la capacité qu'ils auront à donner à la fosse ; puis ils examinent si le terrain est convenable ; si par événement il se trouve par trop pier-
reux ou que d'autres causes le rendent peu propre à
remplir leur but, toute la société se glisse sous le
cadavre ; tout à coup on voit ce dernier se mouvoir en
avant, sans qu'on aperçoive un des porteurs ; dès que
la place convenable est trouvée, on se met à travailler avec ardeur à la sépulture ; tous se fourrent à l'envi
sous le corps mort, qu'ils soulèvent avec leur tête et
leur corselet tantôt en avant, tantôt en arrière, et se
mettent à gratter la terre au-dessous d'eux avec leurs
pattes de devant, de manière que le cadavre s'enfonce
toujours davantage ; si l'opération ne veut pas bien

aller d'un côté, on voit paraître un des fossoyeurs qui vient observer de plus près ce qui peut causer l'empêchement et, le coup d'œil donné, se hâte de redescendre. Alors le travail se reprend avec un redoublement d'activité à l'endroit où il avait été arrêté. Le corps mort continue à s'enfoncer de plus en plus et finit par disparaître tout à fait aux yeux de l'observateur qui a assez de patience pour les suivre pendant une couple d'heures.

« On avait un jour, pour dérouter ces insectes, fixé une taupe à un bâton fiché en terre ; en vain ils épuisaient toutes leurs forces, le cadavre ne baissait pas ; ils s'aperçurent finalement du tour qu'on leur avait joué, et se mirent à sous-miner le bâton et à excaver la place où il était fiché ; dès lors tout alla à souhait.

« Un couple de jours après l'enterrement, les Nécrophores reviennent au jour et s'accouplent, ce qui arrive même quelquefois dans le cours du travail ; ensuite les femelles retournent, toujours à la hâte, sous terre pour y déposer leurs œufs dans la charogne qu'ils ont pris tant de peine à enterrer. »

Ces œufs ne tardent pas à éclore ; les larves se nourrissent des chairs putréfiées au milieu desquelles elles ont pris naissance, et dont elles dévorent quelquefois jusqu'aux os les plus petits ; arrivées à leur développement, elles se construisent une coque bien lisse où elles se transforment en nymphes.

Les Nécrophores ne sont pas toujours en troupes nombreuses pour opérer leur travail. On a vu un de ces insectes enfouir à lui seul le cadavre d'une taupe en deux jours : il faudrait certes plus de temps à un homme vigoureux et déterminé pour enterrer un éléphant à une profondeur relativement égale, et c'est le point de comparaison le plus juste qu'on puisse trouver.

Nous laisserons de côté les Silphes ou Boucliers, genre voisin des Nécrophores, mais moins intéressants. Les Boucliers n'enfouissent pas leur proie, d'ailleurs, n'étant point assez robustes pour une semblable tâche ; cette proie, qui est toujours un cadavre en putréfaction, ils la dévorent sur place sans autre forme de procès ; ils ont toutefois soin d'en laisser une portion suffisante pour servir de nourriture aux larves sorties des œufs qu'ils y déposent. Ces larves, du reste, sont en état de chercher leur subsistance quand la proie à laquelle elles sont attachées vient à leur manquer.

Le Bouclier américain, qui n'est tout à fait ni un Bouclier ni un Nécrophore, mérite de nous arrêter un moment.

Dans le Sud des Etats-Unis d'Amérique, où il est heureusement très commun, c'est aux cadavres de serpents que s'attaque cet insecte. Il creuse le long du corps du reptile, sur un plan légèrement oblique, un long fossé étroit dans lequel il parvient à le précipiter. Deux Boucliers américains suffisent à la besogne ordinairement ; ils saisissent le cadavre par la queue, à l'aide de leurs puissantes mandibules, et l'entraînent en descendant les premiers à reculons dans l'étroite tranchée.

Lorsque le serpent est confortablement étendu tout de son long dans sa fosse, la femelle y dépose ses œufs; et la suite du drame se passe exactement comme chez les Nécrophores. On voit que la différence n'est pas grande entre les deux insectes; quelques caractères de pure forme rapprochent seuls en effet l'enterreur de serpents des vrais Boucliers, mangeurs de cadavres, aux moyens bornés : il est toujours prudent de se méfier des apparences.

Des Nécrophores aux Bousiers, il n'y a qu'un pas : si les uns *travaillent* dans les matières animales en putréfaction, les autres ont affaire aux excréments, et principalement aux bouses de vaches, et ils ne sont guère moins industrieux les uns que les autres.

Nous signalerons d'abord le Géotrupe stercoraire, gros insecte presque hémisphérique, noir avec des couleurs métalliques assez brillantes sur la partie inférieure du corps, à élytres striées, armé de pattes robustes, tranchantes et dentelées et de mandibules arquées et puissantes comme instruments de travail.

Lorsque la femelle est disposée à pondre, on la voit décrire dans l'air des cercles plus ou moins étendus, à la recherche d'un endroit convenable; son instinct l'ayant avertie de la présence de l'objet cherché, une bonne bouse de vache, elle s'y précipite, plonge jusqu'au sol, et là creuse un puits perpendiculaire de vingt à trente centimètres de profondeur (Duponchel dit jusqu'à 15 pouces et même plus), au fond duquel elle construit une loge ovoïde où elle dépose un œuf blanchâtre, de la grosseur d'un grain de blé, puis elle remplit en partie le trou des matières stercoraires empruntées à la bouse, et destinées à l'alimentation de sa larve. Elle recommence le même manège une fois ou deux, et l'affaire est faite.

La larve qui sort au bout de huit jours de cet œuf ressemble assez pour la forme à celle du hanneton ; la partie antérieure en est d'un blanc sale, et le reste d'un gris ardoisé. Elle passerait, suivant quelques auteurs, trois années, tant à l'état de larve qu'à celui de nymphe, avant de devenir insecte parfait.

Pour éviter les atteintes d'un ennemi puissant, le Géotrupe a recours à un stratagème qui lui réussit presque toujours et qui consiste à faire le mort, mais non comme le font la plupart des insectes, en rentrant leurs pattes et leurs antennes : au contraire, le Géotrupe tend les siennes avec une rigidité telle, qu'on le croirait non seulement mort, mais desséché. Les oiseaux qui ne chassent que la proie vivante s'y laissent tromper, sauf un toutefois : la pie-grièche, qui ne laisse pas d'en garnir son garde-manger.

Si l'industrie du Géotrupe semble, après tout, un peu rudimentaire, il n'en sera pas de même de celle d'un insecte qui lui ressemble assez, appartenant à un groupe voisin, et auquel les Egyptiens avaient voué un culte. Nous voulons parler du Scarabée, ou *Ateuchus* sacré.

Cet insecte est tout noir, avec des élytres striés ; il mesure environ 3 centimètres de longueur ; son corps, large, est un peu aplati en dessus, le bord antérieur de sa tête et ses jambes de devant, privées de tarses, sont fortement dentelés. Très répandu sur tous les rivages de la Méditerranée, c'est sur la terre d'Egypte que sa gloire a atteint toute sa splendeur.

Le Scarabée sacré se trouve, en effet, représenté sur les monuments de l'Egypte ancienne et les cercueils des momies ; mais en général ces Scarabées y sont peints d'un beau vert doré, quoique semblables pour la forme au Scarabée noir que nous connaissons et qui est bien celui que l'on rencontre dans le pays. On crut d'abord à quelque fantaisie d'artiste à laquelle l'habitude avait donné force de loi ; mais Cailliaud, dans son voyage au Sennaar, fut assez heureux pour découvrir, vers 1820, le Scarabée type du culte égyptien, d'un beau vert à reflets métalliques. Cette découverte n'a fait d'ailleurs que confirmer l'existence de ce bel insecte, car le Scarabée noir figure également sur les monuments égyptiens, sur ceux toutefois d'une époque plus récente.

Cependant « la sagesse symbolique des Egyptiens » ne saurait nous arrêter, et nous nous montrerons aussi indifférent au culte qu'ils vouèrent au Scarabée que celui-ci le fit lui-même, sans aucun doute ; un autre souci nous réclame : l'étude des mœurs de cet intéressant animal.

« Ce Coléoptère, dit M. E. Blanchard, est doué d'instincts fort curieux. On le voit s'enfoncer dans les bouses, souvent aussi on le trouve par les chemins, roulant une grosse boule qu'il tient entre ses pattes de derrière. Quelle est cette boule? dans quel but a lieu le travail de notre insecte ? Le besoin de mettre sa progéniture en un lieu convenable est le mobile de son activité. Une femelle pond un œuf, et au lieu de se contenter, comme les autres *Coprophages*, de le cacher au milieu d'une bouse ou dans une cavité, elle l'entoure d'une petite masse de fumier. Roulant cette masse sur le sol avec ses longues pattes postérieures, la boule est bientôt formée. L'Ateuchus doit alors l'enfouir ; mais pour trouver l'endroit où sa larve pourra vivre, il a parfois un assez long trajet à parcourir ; avec le temps, il arrive à son but. Y a-t-il un accident de terrain? sur sa large tête il soulève la boule, et la vue de cette manœuvre fait comprendre aussitôt la raison de cette forme de tête assez étrange. Cependant notre insecte se trouve parfois arrêté par un obstacle insurmontable, la boule est tombée dans un trou ; c'est ici qu'apparaît chez l'Ateuchus une intelligence de la situation vraiment étonnante et une facilité de communication entre les individus de la même espèce plus surprenante encore. L'impossibilité de franchir l'obstacle avec la boule étant reconnue, l'Ateuchus semble l'abandonner, il s'envole au loin. Si vous êtes suffisamment doué de cette grande et noble vertu qu'on appelle la patience, demeurez près de cette boule laissée à l'abandon : au bout de quelque temps, l'Ateuchus reviendra à cette place, et il n'y reviendra pas seul; il sera suivi de deux, trois, quatre, cinq compagnons qui, s'abattant tous à l'endroit désigné, mettent leurs efforts en commun pour enlever le fardeau. L'Ateuchus a été chercher du renfort, et voilà comment, au milieu des champs arides, il est ordinaire de voir plusieurs Ateuchus réunis pour le transport d'une seule boule. Enfin, le but est atteint, il n'y a plus qu'à procéder à l'enfouissement. Il s'agit de creuser une fosse : les jambes de l'insecte, avec leurs larges dents, ne sont-elles pas des bêches? et si le tarse manque, c'est qu'une tige mince eût gêné les mouvements des jambes entamant un sol dur. Avec d'aussi bons instruments, la fosse est rapidement creusée; devenue suffisamment spacieuse, la boule y est placée ; il faut la recouvrir, et alors les longues jambes postérieures, garnies d'une brosse, balayent le terrain et comblent la cavité. »

Les boules qui contiennent des œufs sont toujours enterrées avec soin, et avec elles le couple qui ordinairement les a roulées jusque-là et qui n'a plus rien à faire en ce monde. Mais les Ateuchus confectionnent également des boules qui ne contiennent rien, qui sont en conséquence enterrées avec négligence et dont on s'explique mal l'utilité. Sont-ce ces dernières qu'un Ateuchus vagabond dispute parfois au laborieux insecte qui l'a construit, préférant l'œuvre toute faite à la dure nécessité du travail? Toujours est-il qu'à côté de l'exemple touchant de la fraternité des Bousiers que vient de nous offrir M. Blanchard, force nous est de placer le tableau fâcheux d'une attaque sur la grande route qui n'est pas moins fréquent.

Un laborieux Scarabée, suant d'ahan, roule avec

peine sa *pilule* (car on appelle également ces boules pilules et ceux qui les construisent *Pilulaires*). Tout à coup, un autre Scarabée fond sur le premier du haut des airs et, de ses formidables pattes de devant, le renverse avant qu'il ait eu le temps de se mettre en défense; puis il grimpe sur le sommet de la boule et attend son adversaire dans cette position avantageuse. Celui-ci, s'étant remis sur ses jambes, non sans efforts, arrive bientôt; il tourne autour de sa propriété, cherchant un point favorable pour tenter l'assaut, tandis que le voleur tourne en même temps que lui, sur le haut de la boule, de manière à lui faire toujours face. Enfin, le dépossédé se dresse; mais un coup de patte de l'autre le renverse de nouveau, et à toutes les tentatives de l'infortuné pour rentrer ainsi en possession de son bien, il obtient le même résultat. Alors il a recours à un autre moyen : il creuse la terre sous la boule, qui bascule avec le voleur, et saute aussitôt sur celui-ci.

Une lutte terrible s'engage. Les deux adversaires, dépourvus d'armes offensives véritables, se prennent corps à corps et se secouent d'importance, faisant voler le sable autour d'eux. Il y a un vainqueur à la fin, et ce n'est pas toujours le légitime propriétaire, car chez les insectes aussi la force prime le droit. Quel qu'il soit, ce vainqueur grimpe à son tour sur la boule, et essuie à son tour le feu de son ennemi qu'une première défaite ne saurait avoir découragé.

Le combat se renouvelle ainsi trois ou quatre fois,

avec des chances diverses ; car, toujours par la raison que nos adversaires ne sont pourvus que d'outils et non de ces armes terribles que possèdent d'autres insectes, ils ne parviennent pas à se faire de blessures mortelles ou même assez graves pour décider du combat. L'un ou l'autre, pourtant, finit par se fatiguer et abandonne la partie et la pilule, jugeant qu'il aura plutôt fait d'en construire une autre, si c'est le volé, ou que sa conquête lui coûterait trop cher, si c'est le voleur. Le vainqueur alors s'attelle à la boule et la roule en toute tranquillité, à moins, toutefois, d'une mauvaise rencontre de plus.

D'autres Scarabées de notre pays ont des mœurs analogues à celles du Scarabée sacré. Tels sont les Gymnopleures et surtout les Sisyphes, qui habitent la France centrale.

Les Sisyphes sont de petits insectes au corps épais et triangulaire, à longues pattes et à cuisses épineuses. Ils confectionnent une boule avec de la bouse de vache, puis le mâle et la femelle s'y attellent, l'un la poussant de ses pattes postérieures, l'autre la tirant avec ses pattes de devant, marchant tous deux à reculons, par conséquent, ce qui les distingue des Ateuchus. Comme ces derniers, ils enterrent leur boule ; ils savent également, quand un accident arrête leur marche, aller chercher du renfort.

Quand les Sisyphes ne trouvent pas la matière première de leurs pilules, il est à remarquer qu'ils se contentent de pilules toutes faites, sous forme de crottes de chèvres par exemple, s'ils en rencontrent.

Les Lucanes, ou Cerfs-Volants, que nous faisons figurer ici, surtout comme spécimens de Coléoptères perceurs de bois, ne sont peut-être pas bien rigoureusement des « hygiénistes » ; cependant ils se nourrissent de bois pourri, et ce trait de mœurs les rapproche d'une manière assez naturelle, sans doute, des insectes qui font disparaître les excréments et les cadavres putréfiés.

Les Cerfs-Volants, dans tous les cas, font partie des plus grands et, dans une certaine mesure, des plus beaux insectes de notre pays, quant aux formes au moins ; car, pour la couleur, ils sont uniformément noirs.

Ils ont reçu ce nom de *Cerfs-Volants* à cause des mandibules puissantes et d'une longueur démesurée qui prolongent la tête massive du mâle, et qui rappellent assez bien, de loin, la ramure du cerf. Le Cerf-Volant est donc un cerf qui vole. Quant au nom de *Lucanus*, que Linné lui a conservé d'après Pline, l'opinion la plus raisonnable nous paraît être celle qui veut que cette appellation signifie insecte de la Lucanie. La vérité est, toutefois, que si la Lucanie, que nous connaissons sous son nom moderne de Basilicate, a été à une certaine époque la patrie privilégiée des Cerfs-Volants, elle a bien changé sous ce rapport, car il ne paraît pas que ces insectes l'habitent plus volontiers que les bois de Clamart ou les ruines de l'ancien parc de Montrouge, qui nous a fourni le premier couple de ces insectes, le plus magnifique que nous ayons possédé.

Nous avons dit que les mâles des Cerfs-Volants étaient remarquables par leurs longues et massives mandibules, émergeant d'une tête non moins massive, large et très dure ; les femelles ont, au contraire, une tête relativement étroite et les mandibules fort courtes, pour si solides qu'elles soient d'ailleurs. Il n'est, en somme, que peu d'insectes chez lesquels il existe des différences aussi marquées entre les sexes ; à les voir l'un près de l'autre, on jurerait qu'ils n'appartiennent pas à la même espèce. Ajoutons que ces appendices qui caractérisent le mâle et lui donnent, malgré ses mœurs essentiellement pacifiques, une apparence si féroce, paraissent le gêner beaucoup plus qu'ils ne lui sont utiles. Il est vrai, en principe, que la nature ne peut rien faire mal, et que si l'on n'a pas encore pu découvrir à quoi peuvent bien lui être utiles les *cornes* du Cerf-Volant, on n'en est pas pour cela suffisamment autorisé à dire qu'elles ne lui servent à rien ; mais un fait évident, c'est qu'elles le gênent horriblement dans son vol, qu'il est obligé d'exécuter presque debout, pour prévenir une culbute imminente ; il vole lourdement, péniblement, en conséquence, et ne fait jamais un long trajet sans retomber à terre, et quelquefois de façon fort maladroite.

Cet insecte atteint souvent, chez nous, 7 à 8 centimètres de longueur ; parmi les individus étrangers, il en est qui dépassent un décimètre, comme le Lucane de Chaudoir, de Sumatra. On le rencontre dans les bois dès le crépuscule du soir et pendant la nuit. Il vit quatre ou cinq ans à l'état de larve, comme le hanneton, et cette larve ressemble beaucoup d'ailleurs, malgré quelques différences caractéristiques, à un énorme ver blanc. Dans cet état, il vit dans les vieux troncs d'arbres, principalement de chênes, dans les vieilles souches dont le bois est à demi décomposé et tombe en poussière, qu'il ronge et parcourt dans tous les sens en y creusant des galeries; d'où il suit que, contrairement à l'avis d'observateurs trop superficiels, il est injuste de considérer le Cerf-Volant comme un insecte ravageur de forêts, puisqu'il ne s'attaque qu'aux bois à demi pourris.

Lorsque cette larve a atteint son développement et que le temps est venu de sa transformation en nymphe, elle s'enfonce en terre, s'y creuse une loge de forme ovale dont elle a soin de bien affermir et lisser les parois intérieures, probablement à l'aide d'une matière liquide qu'elle sécrète, et s'enveloppe en un mot d'une véritable coque. Vers le milieu de l'été, cette nymphe, devenue insecte parfait, brise sa prison à l'aide de ses mandibules, demeurées jusque-là repliées sous elle, et prend son vol.

Dans ce dernier état, la nourriture du Cerf-Volant se compose exclusivement de fluides végétaux, c'est-à-dire de la sève qui s'extravase des troncs d'arbres blessés ou récemment coupés; ce n'est que par suite d'une aberration passagère qu'on a pu le voir s'atta-quer à d'autres substances.

Malgré son aspect terrible, le Cerf-Volant est inoffensif, nous l'avons dit : certes, il peut pincer les doigts quand on le saisit sans précaution ; mais il n'est pas d'exemple que cette manifestation hostile ait jamais eu de conséquences graves, même assez douloureuses pour autoriser à s'en plaindre ceux qui en ont été victimes.

VI

NOS INTIMES

(DIPTÈRES, APHANIPTÈRES)

La Mouche domestique est une véritable petite merveille, un objet extrêmement curieux à examiner au microscope, et pas aussi coupable qu'on est porté à le croire lorsque, en proie à une transpiration qui les attire, nous luttons en désespérés contre ses caresses par trop opiniâtres.

Elle ne mord pas d'abord, n'ayant pour cela ni dents ni mâchoire, mais seulement une langue. Cette langue est ordinairement recourbée de bas en haut, mais lorsque l'animal est posé sur un morceau de sucre ou sur une partie très sensible de la face d'un infortuné dormeur, il redresse cet organe, l'étend, ouvre à son extrémité une sorte de petite houppe fermée en temps de repos par un système de ressort, et présente deux lèvres larges et plates armées de nombreux poils se projetant latéralement, rudes comme autant de petites râpes.

Au moyen de cet appareil, la Mouche pompe les parties humides du sucre ou de la peau, les rassemble et les porte ensuite à sa bouche. C'est par cette manœuvre qu'elle produit cette démangeaison irritante à la peau bientôt insupportable à ses victimes. C'est ainsi également qu'elle enlève le poli visqueux que les relieurs mettent sur les couvertures de nos livres, ce qui leur donne l'apparence de taches dont on cherche la cause ailleurs.

Jusqu'ici, on a cru—et l'on croit encore généralement—que les pattes de la Mouche sont pourvues de disques élastiques qui lui permettent de se tenir sur les murs perpendiculaires et les plafonds et de se promener sur les surfaces polies, les glaces, etc.; ces disques agiraient à la façon du tire-pavé des écoliers, pour nous servir d'un exemple frappant. Mais un naturaliste allemand, M. H. Dewitz, qui a profité de la saison favorable de 1882 pour étudier spécialement cet objet, a adressé ensuite à la Société d'histoire naturelle de Berlin une communication dans laquelle cette opinion est vivement combattue.

M. Dewitz commence par soutenir que les pattes de Mouches ne possèdent aucun organe qui leur permette d'opérer cette espèce de succion, car elles sont dures et dépourvues de muscles. La théorie adoptée a,

du reste, été déjà contredite par les expériences de
Blackwell, qui ont démontré que les Mouches grimpent
aussi bien sur les parois d'un vase émaillé placé sous
le récipient d'une machine pneumatique, où il n'y a
pas de pression atmosphérique ; d'où l'expérimentateur
avait conclu que cette adhérence devait être due à une
matière visqueuse sécrétée par les poils dont les pattes
de Mouches sont fournies. Mais la science officielle déclara
l'expérience insuffisamment probante, et l'on s'en tint
à la théorie erronée qui avait l'avantage de ne s'appuyer sur rien du tout.

M Dewitz déclare que ses investigations donnent au
contraire complètement raison à Blackwell. Il a observé
l'exsudation de la matière visqueuse indiquée par celui-
ci, en fixant avec soin une Mouche sous la plaque de
verre du microscope. Un liquide parfaitement clair
apparut alors à l'observateur, s'échappant des extrémités des poils des pattes de l'insecte et fixant ces
pattes à la surface du verre. Quand l'une des pattes
fut levée pour faire place à une autre, il put voir les
gouttes de matière gluante abandonnées par cette
patte sur la surface de la plaque de verre, à la place
exacte où les poils avaient reposé.

Le fluide adhésif paraît sortir de la cavité intérieure
des poils et provenir des glandes découvertes par
Leydig dans les plis des pattes de la Mouche, en 1850.

Un semblable fluide paraît être à la disposition des
Punaises, de beaucoup de larves, et probablement de
tous les insectes qui font profession de grimper non

seulement après les murs, mais encore le long des tiges et des feuilles des plantes, ce qu'ils font avec une si parfaite assurance. Il y en a pourtant auxquels suffisent des crochets acérés, cela est incontestable ; il y en a sans doute un grand nombre qui sont bien pourvues, en effet, d'appareils rappelant la ventouse. Mais, au bout du compte, c'est de la Mouche seulement que nous nous occupons ici, et c'est elle que M. Dewitz a surtout étudiée.

Une découverte au moins aussi curieuse a été rendue possible par l'emploi d'un ingénieux appareil dont l'invention est toute récente et n'a pas fait beaucoup plus de bruit qu'elle ne le méritait réellement ; cet appareil, c'est le microphone, et la découverte qui lui est due, c'est celle du langage des Mouches.

Oui, les Mouches ont un langage, un vrai langage ; non des moyens de communication plus ou moins ingénieux, comme on en peut observer chez tous les insectes, les insectes sociables à tout le moins, mais une émission de voix véritable, dont le microphone a dévoilé la sonorité. On peut, du reste, renouveler l'expérience, qui ne présente pas la moindre difficulté d'exécution.

Si l'on place sur la planchette du microphone de Gaiffe, par exemple, une Mouche privée de ses ailes, pour qu'elle ne puisse s'envoler, on percevra d'abord le bruit de ses pas, puis de temps en temps un autre bruit, très distinct, qu'un expérimentateur anglais, auteur de la découverte, compare au hennissement d'un cheval entendu de loin. Or, on ne peut nier que le hennissement ne soit le langage du cheval : il suffit qu'un second cheval réponde de la même façon à l'appel du premier pour nous convaincre qu'ils sont d'intelligence. Eh bien, c'est justement ce qui se produit pour la Mouche : au lieu d'une Mouche placez-en deux sur la planchette du microphone, et le dialogue ne tardera pas à s'entamer.

Quoi qu'il en soit, la puissance de destruction d'une Mouche est incroyable. Pour être à même de l'apprécier, un observateur imagina d'enfermer trois mille Mouches — à deux ou trois près, je suppose — dans une pièce où se trouvait un pain de sucre entier, et rien de plus par exemple : en six jours, les intéressants Diptères avaient nettoyé la place au point de ne laisser point une seule miette du pain de sucre qui leur avait été si généreusement abandonné.

Les méfaits de notre Mouche domestique sont nombreux et variés, qu'elle morde ou qu'elle suce, il nous faut bien l'avouer ; aussi a-t-on recours, pendant la saison, à tous les moyens imaginables pour s'en débarrasser, mais rarement avec quelque succès. Un correspondant irlandais du *Times* de Londres, le révérend George Meares Drought, nous en offre un nouveau, qu'il n'a expérimenté que servi par le hasard et sans en avoir conscience, mais qui lui a si parfaitement réussi que ce serait une faute de ne pas l'essayer.

« J'ai vécu trois années dans une ville, écrit le révérend, et durant tout ce temps, ma chambre particulière a été exempte de Mouches, — trois ou quatre seulement se promenant sur ma table à déjeuner, tandis que toutes les chambres environnantes en étaient remplies. Je me suis bien souvent félicité de cette immunité, mais sans en savoir la raison, jusqu'à ces tout derniers temps.

« Ayant dû faire transporter mes affaires dans une autre maison, tout en restant dans celle-ci deux jours de plus, j'avais fait enlever, entre autre chose, deux caisses de géraniums et de calcéolaires installées dans mes fenêtres, qui étaient toujours ouvertes du haut en bas ; les caisses n'étaient pas enlevées depuis une demi-heure que ma chambre était pleine de Mouches comme toutes les autres...

« Ceci est pour moi une nouvelle découverte ; et peut-être donnera-t-elle à d'autres personnes le goût de cette source de plaisir, reconnue maintenant pour une source de confort : un jardin de fenêtre. »

On peut dire, en tout cas, que le moyen est aussi agréable que facile à employer. Nous ne l'avons pas fait encore, la saison étant trop avancée quand nous eûmes connaissance de la communication de M. Drought, mais chose différée n'est pas perdue.

Il y en a d'autres, du reste, qu'indique l'expérience et dont on ne semble pas se douter, bien qu'un peu d'attention suffise à nous en instruire. Ainsi, tandis que les églises catholiques contiennent à peine quelques Mouches égarées, celles-ci pullulent dans les temples protestants, c'est un fait d'observation journalière.

Pourquoi ? — Parce que l'atmosphère des premiers est presque constamment saturée de vapeurs d'encens, que les autres ne veulent point admettre ; mais non par préférence pour les Mouches. Il suffirait donc de brûler de l'encens dans les appartements pour les débarrasser des Mouches, et c'est effectivement ce qu'on fait, sinon pour les Mouches domestiques, du moins pour les Moustiques, dans l'Inde, dans la présidence de Bombay en tout cas.

Enfin, on a reconnu récemment que la présence d'un Ricin sanguin dans une salle infestée de Mouches avait suffi pour l'en débarrasser instantanément.

Si nous disions un mot maintenant de l'*intelligence* des larves de Mouches, ce serait clore triomphalement cette notice, croyons-nous.

Une *verminière*, on le devine, est un endroit où, par des moyens nauséabonds, on attire les Mouches, dont les œufs ne tardent pas à produire ces larves si connues et estimées du pêcheur à la ligne et de l'éleveur, sous le nom d'*asticots*.

A l'époque de leur transformation en nymphes, ces larves, pressées par la nature, montrent de l'inquiétude, et cherchent par tous les moyens à s'échapper de la verminière. C'est alors que leurs agissements sont curieux à observer. Quelques éclaireurs, détachés par leurs compagnons, explorent avec soin le voisinage, cherchant un trou ou une crevasse dans le sol, qui leur permette de remplir le vœu de la nature. Lorsqu'ils ont découvert ce qu'il leur faut, ils retournent à la colonie et font leur rapport aux habitants impatients d'émigrer. Bientôt les rangs se forment, et toute la colonne se met en marche, sous la conduite ostensible de leurs guides; en quelques minutes, la verminière est vide.

Les asticots ont donc, eux aussi, des moyens d'échanger leurs idées?

Il existe un très grand nombre d'insectes vivant en parasites sur d'autres animaux Nous ne nous occupons pas ici de ceux qui y vivent à l'état d'insecte parfait, mais seulement de ceux qui y vivent à l'état de larves. De ce nombre sont les Œstres, insectes diptères qui poursuivent les grands animaux et les harcèlent quelquefois à les rendre fous. Bien qu'on ait emprunté, pour les désigner, le nom grec du Taon, les Œstres n'ont aucun rapport avec celui-ci, qui suce le sang des animaux qu'il ne poursuit que pour cela, tandis que les Œstres ont pour but de déposer leurs œufs sur leur peau, afin de permettre aux larves de se nourrir et de se développer suivant leur nature, dans le milieu qui leur convient.

Il y a plusieurs espèces d'Œstres qui pondent ainsi sur divers ruminants, comme le bœuf, par exemple, mais dont les larves s'introduisent sous la peau de l'animal et y font naître une tumeur remplie d'une sécrétion dont elles se nourrissent. Ces larves sont de forme ovale, charnues, et ont une queue terminée par un double appendice en spirale qui constitue les organes de la respiration et se trouve toujours placé près de l'ouverture supérieure de la tumeur. L'Œstre choisit presque toujours la peau plus tendre du jeune bétail pour y déposer ses œufs : il est peu de jeunes bestiaux qui y échappent, et c'est surtout au mois de juin, quelquefois dès le mois de mai, que les tumeurs dont nous parlons commencent à se montrer sur le dos des pauvres bêtes.

Lorsqu'elle a atteint tout son développement, la larve quitte sa retraite, la queue la première, et se laisse tomber à terre, où elle s'enfouit aussitôt ; alors s'opère sa seconde transformation : la nymphe se formant à l'intérieur de la peau desséchée de la larve qui lui sert d'enveloppe ou, si l'on préfère, d'habitation.

Seulement ces Diptères ne réussissent pas toujours dans leur tentative de ponte opportune : ils ont dans les oiseaux insectivores des ennemis redoutables, qui leur font une chasse incessante, dont on peut suivre les péripéties dans tous les pâturages. On y verra, en effet, des volées d'oiseaux s'abattre sur le dos des ruminants, sans que ceux-ci songent à se blesser de cette familiarité, car les oiseaux les viennent débarrasser des Œstres qui les menaçaient de leur encombrante progéniture et parfois de celle-ci elle-même ; et les ruminants, qui ne sont pas aussi bêtes qu'ils en ont l'air, apprécient, au contraire, un pareil service.

Il est bien entendu que les fauves ne sont pas plus exempts des profanations des Œstres que les animaux domestiques ; c'est ainsi que Lucas a pu assister au curieux spectacle d'une chasse au daim entreprise par des étourneaux, non pour le daim lui-même, mais pour les Œstres qui lui couvraient la peau.

L'Œstre du cheval, qui peut passer pour le type du genre, a des mœurs excessivement curieuses et bizarres. C'est un gros Diptère, — disons une grosse Mouche, pour être mieux compris. Cette grosse Mouche suit les chevaux en bourdonnant avec un bruit du diable, attendant le moment favorable. Une fois ce moment venu, elle effectue sa ponte, non pas sur le premier point venu de la peau de l'animal, mais à un endroit peu éloigné de sa bouche et qu'il a l'habitude de lécher : vous verrez tout à l'heure pourquoi.

Les œufs de l'Œstre fixés aux poils par la matière agglutinante qui les enduit, l'éclosion de la larve s'opère et le cheval, en se léchant, ne manque pas d'en avaler un bon nombre. — Vous dites : c'est autant de détruit. — Au contraire; arrivées dans l'estomac, ces larves, qui ont les anneaux de leur corps garnis de pointes acérées et des crochets en guise de mandibules, se fixent dans la muqueuse, s'y développent tranquillement, et, en fin de compte, se détachent d'elles-mêmes au moment convenable et se font expulser par les voies naturelles d'où, aussitôt échappées, elles accomplissent leur dernière transformation.

Telles sont les mœurs de la « Mouche du coche ». La Fontaine, vraisemblablement, ne s'en doutait guère.

Les Puces ont été réunies en une seule famille, constituant à elle seule tout l'ordre des *Aphaniptères*, ou insectes à ailes peu apparentes, caractère qui les distingue nettement de tous les autres ordres, car leurs ailes en effet, si l'on peut appeler cela des ailes, sont représentées par de simples écailles rudimentaires.

Ces insectes sont des suceurs déterminés, de par leur organisation, dans les détails de laquelle il nous paraît inutile d'entrer, la Puce de l'homme, que tout le monde connaît plus ou moins intimement, étant le type de cet ordre intéressant. Mais peut-être est-il peu d'insectes, pour si connus qu'ils soient, au moins de vue, dont les mœurs familiales soient plus ignorées du vulgaire.

C'est dans les soins qu'elles prodiguent à leur progéniture qu'il faut admirer les *Puces irritantes* (nom que portent spécialement les puces de l'homme). D'abord, et cette particularité doit être notée par toute bonne ménagère, c'est dans la poussière accumulée dans les interstices des boiseries des planchers ou des carreaux des appartements que les Puces déposent leurs œufs. Ces œufs donnent naissance à de pauvres petites larves condamnées à l'immobilité par défaut de pattes ou de tout autre moyen de locomotion; il faut donc que leurs mères leur apportent la nourriture, et il n'y a pas à craindre qu'elles y manquent, tant que l'homme, dans sa cruauté inconsciente, n'aura pas tranché le fil de leurs précieux jours. Mais, dans ce cas, la mort de la mère entraîne fatalement celle de toute la nichée.

Songez donc à cet affreux résultat, avant d'écraser sans pitié une malheureuse Puce dont la piqûre, après tout, vous a peut-être fait plus de bien que de mal!

Cette mère vigilante suce donc longuement le sang de l'homme; lorsqu'elle en a puisé une provision suffisante, elle va à ses petits et leur en dégorge tout ce dont ils ont besoin, quitte à retourner à la source autant de fois que l'exigera leur appétit.

Ce manège, tout naturel d'ailleurs, n'a pas été découvert seulement par intuition, car, indépendamment des observations des naturalistes autorisés, il s'est trouvé un observateur patient pour recueillir des œufs de Puces dans des boîtes contenant un peu de poussière et laissées ouvertes, dans lesquelles il n'eut plus qu'à surveiller les agissements des mères pour être tout à fait édifié sur leurs habitudes maternelles.

Lorsqu'elles ont acquis leur développement naturel, les larves s'enferment dans une coque soyeuse dont elles dissimulent la présence en la masquant de particules de poussière. Là, elles subissent leur métamorphose en nymphes, métamorphose qui dure plus ou moins longtemps suivant les circonstances; ainsi, on a vu des larves passer tout l'hiver dans cet état de transition. Puis, l'insecte parfait sort de sa coque. Il vient au monde en sautant, ainsi que le remarque Valmont de Bomare, qui ne nous dit point si c'est de joie, mais qui nous décrit ce saut caractéristique :

« Quand une Puce, dit-il, veut sauter, elle étend ses longues jambes postérieures, et ses différents articles, venant à se débander ensemble, forment autant de ressorts puissants qui, par leur élasticité, lui font faire un saut de projection si prompt qu'on la perd de vue;

ce saut égale souvent deux cents fois la hauteur et la
longueur de la Puce. C'est ainsi qu'elle échappe, avec
une agilité surprenante, aux recherches de celui qu'elle
dévore. »

Il est assurément difficile de s'emparer d'une Puce
résolue à vous échapper, surtout si elle puise cette
résolution dans la nécessité d'accomplir ses devoirs
maternels ; mais choisissez une jeune célibataire, qu'aucun lien de famille ou autre ne retient trop étroite-
ment, tâchez de mettre quelque douceur dans vos rapports avec elle, et vous pourrez nourrir l'espoir de
vous en faire une amie à laquelle vous donnerez même
l'éducation qu'il vous conviendra.

Oui. Tout le monde sait qu'il y a des *Puces savantes*,
exécutant les tours les plus curieux ; quelques-uns de
nos lecteurs ont peut-être même assisté à de tels exercices. Qu'il nous soit permis, en tout cas, de rappeler
quelques faits typiques dans cet ordre de travaux intel-
lectuels.

Un *professeur* italien, signor Bertolotto, vieillard
d'environ soixante ans, qui avait passé la plus grande
partie de son existence à instruire des Puces, avait
installé, en 1873, sa petite ménagerie à New-York,
au numero 39, Union Square.

Le professeur, au rapport du *World*, est un homme
de bonne apparence, avec une voix au timbre adouci
par ses longs rapports avec ses petits amis ; sa main,
quoique grande et forte, possède un exquise délicatesse
de tact, et il se penche d'une manière caressante sur

ses étranges favoris, comme s'il ressentait pour eux un attachement véritable.

Ses débuts remontent à 1832. Il commença à cette époque l'éducation des Puces en Angleterre, et par l'exhibition de ses élèves de ville en ville, il amassa une fortune considérable, et finalement se retira des affaires — ou de l'enseignement, si vous le préférez. Mais, dans ces dernières années, il avait eu des revers de fortune, et n'avait pas hésité à reprendre les occupations de sa jeunesse.

La troupe artistique du signor Bertolotto se composait de cent sujets principaux appartenant au sexe faible (ceux de l'autre sexe étant reconnus intraitables). Tous venaient du Canada, le malin exhibiteur déclarant que les Puces sont d'une rareté excessive aux Etats-Unis. La représentation à laquelle assistait le rédacteur du *World* ouvrit par une passe d'armes entre Don Quichotte et Sancho Pança, deux Puces sanguinaires qui, montées sur de petits chevaux en papier, s'attaquèrent bravement à la lance !

Les petits chevaux en papier étant naturellement immobiles, les deux adversaires ne pouvaient se faire grand mal, mais ceux-ci paraissaient vraiment animés d'une haine mortelle et faisaient tournoyer leurs petites lances avec une fureur implacable.

La scène suivante avait pour objet la démonstration de la force extraordinaire qu'un si petit animal est capable de déployer. Une Puce herculéenne fut en effet attelée à un petit chariot d'or, pesant tout juste douze cents fois son propre poids, et qu'elle se mit aussitôt à traîner autour de la table, tandis qu'une de ses camarades trônait sur le siège avec autant de dignité que le cocher le plus orgueilleux.

Une Puce sauvage, c'est-à-dire qui n'avait pas encore reçu le moindre des bienfaits de l'éducation et ne savait que sautiller et sucer, fut alors présentée. Une chaîne et un petit boulet attachés à l'une de ses pattes de derrière trahissaient son infériorité vis-à-vis de ses compagnes civilisées. La chaîne et le boulet étaient en or; la première, mesurant un pouce de longueur à peu près, était formée de quatre cents anneaux. Tous les accessoires à l'usage des petits artistes étaient du reste conçus sur ce plan quasi microscopique : leurs chapeaux et leurs costumes — car ils étaient vêtus décemment — leur allaient avec une admirable exactitude, malgré leur petitesse.

D'autres insectes tournaient des manivelles et remontaient des petits seaux remplis d'eau. Mais le chef-d'œuvre de la représentation fut un bal de Puces, auquel prirent part environ deux douzaines de personnages.

A un bout de la salle de bal, il y avait un orchestre complet, où chaque musicien tenait son propre instrument en position. Deux couples de danseurs étaient dans la salle, et un autre couple était installé sur un sofa, livré à toutes les apparences d'une *flirtation* en règle.

Une boîte à musique ayant été mise en action, au

premier accord tous les insectes se mirent en branle conformément à leurs rôles respectifs, les danseurs tournant dans la salle, les musiciens trémoussant leurs pattes attachées aux instruments, le tout avec grande activité.

Quand on songe à la petite taille des Puces, leur éducation semble une tâche plus difficile que le plus pénible des travaux d'Hercule. Heureusement ces petits animaux sont aussi coriaces et raboteux que des porcs-épics, et l'on peut sans cérémonie les transporter au moyen de petites pinces d'acier, certains de ne pas les blesser.

La durée de l'existence d'une Puce est d'environ huit mois, et comme il en faut quatre pour faire leur éducation et réduire leur saut instinctif à un trot correct et civilisé, on comprendra que celui qui se voue à cette éducation n'a pas le temps de prendre de longues vacances.

Sur les huit cents de la collection en question, moitié avaient à peu près achevé leur éducation.

La nourriture de ces animaux n'est pas autre chose que le sang même de leur précepteur, qui leur livre courageusement son bras gauche aux heures réglées des repas.

Il est possible que les Puces soient capables de recevoir une éducation plus étendue, mais ce qui est certain, c'est que, depuis qu'il y a des Puces savantes, on n'a pas eu à constater le moindre progrès sous ce rapport. Les passes d'armes, la traction des chariots

— voire des canons proportionnés à leurs forces, la manœuvre du cabestan, etc.,—ont toujours été la besogne des Puces savantes. La seule nouveauté dont nous pourrions être redevables au signor Bertolotto , c'est son bal de Puces ; nous n'avons trouvé jusqu'ici aucun précédent à ce spectacle. Pour les autres, on n'a que l'embarras du choix.

Pendant son voyage en Allemagne, en 1702, Misson raconte qu'il vit à Augsbourg ce qu'il traite de plaisante babiole : « Ce sont, dit-il, des Puces enchaînées par le cou avec des chaînes d'acier. La chaîne est si délicate que la Puce l'enlève en sautant. » On vendait ouvertement ces « plaisantes babioles », et pas cher : l'animal et la chaîne, l'un portant l'autre, coûtaient à peu près dix sous.

Au reste, la mode des Puces enchaînées faisait fureur à Paris à la fin du XVIe siècle, depuis la découverte de la Puce de Mlle Desroches, faite par Etienne Pasquier. Mais Puce enchaînée et Puce savante sont deux objets distincts, et c'est de celle-ci seulement que nous avons à nous occuper.

En 1804, Kotzebue vit à Paris un matelot qui montrait des Puces dont l'une traînait un éléphant — de taille proportionnée bien entendu ; —une autre, entravée par une chaîne d'or reliée à un petit boulet, faisait marcher un carrosse à six chevaux plein de voyageurs. Chevaux et voyageurs étaient naturellement représentés par d'autres Puces.

En 1829, sur les ruines même des maisons abattues

pour la construction des approches du nouveau Pont de Londres, sur la rive de Southwark, un homme exhibait, dans une petite boîte intérieurement éclairée d'une chandelle, deux Puces dont l'une traînait une chaîne et un cadenas et l'autre une espèce de cabriolet. La même année on voyait également deux Puces savantes à Nottingham; l'une traînant un noyau de cerise sculpté, et l'autre un canon d'argent.

Un nommé Cucchiani, au rapport d'Alfred de Nore, exhibait à Paris, en 1834, des Puces revêtues de costumes militaires qui faisaient toutes les évolutions imaginables sur un champ de bataille imaginaire ; d'autres, pendant ce temps-là, ou traînaient des voitures ou puisaient de l'eau dans des seaux.

Dans une semblable exhibition qui eut lieu à Londres en 1845, on voyait une Puce attachée à une chaîne munie d'un cadenas et d'une clef d'un travail curieux ; la chaîne avait sept cents anneaux et mesurait près de dix centimètres de longueur. Deux autres Puces traînaient un chariot et trois omnibus; enfin deux autres artistes de la même troupe, vêtus en militaires, convoyaient un petit canon de bronze.

Beaucoup d'autres éleveurs de Puces ont produit depuis en public les résultats de leur enseignement; on en a même vu enseigner leur art aux personnes désireuses de suivre la même carrière, et qui sont peu nombreuses à ce qu'il semble. Leur système d'éducation est en tout cas assez simple, du moins quand il s'agit d'habituer la bestiole sautillante à traîner un fardeau : on l'attache, au moyen d'un fil de soie extrêmement fin ou d'un cheveu, à un obstacle fixe ; comme elle ne tarde pas à reconnaître que sauter ne lui sert de rien, elle essaie de la traction et finit par en contracter l'habitude ; elle est alors bonne pour l'attelage. Quant aux autres exercices, je suppose que Pélisson ayant réussi à apprivoiser une Araignée, il serait tout aussi bien parvenu à élever une Puce ; mais en dehors des conditions si favorables que présentent les quatre murs d'un cachot, on se fait difficilement l'idée de la somme de patience nécessaire pour obtenir de pareils résultats.

Il y a environ une douzaine d'années, un pauvre diable d'exhibiteur parcourait les rues de Londres avec des Puces savantes qu'il faisait travailler dans une boîte, dont la flamme d'une bougie, par précaution séparée de la *scène* au moyen d'un écran de papier transparent, éclairait l'intérieur sans danger pour les artistes. Ses Puces traînaient des chaînes avec cadenas et des chariots, sans rien de plus nouveau. Il assurait qu'une de ses Puces était à son service depuis vingt-six mois, et qu'il en avait connu de plus vieilles encore, ce qui nous paraît plus que douteux.

Une malheureuse aventure ruina d'un seul coup le pauvre homme, qui n'exerçait pas seulement dans la rue. Un soir, qu'il avait donné une fructueuse séance dans un *public house*, plus fructueuse encore pour le propriétaire de l'établissement, il laissa tomber sa boîte, qui se brisa ; et ses ingrates pensionnaires, tout harnachées, disparurent aussitôt sans qu'il fût possible de les retrouver.

L'élève des Puces savantes paraît être, du reste, une industrie plus prospère qu'on ne serait tenté de le croire. Son siège serait en Prusse. En effet, nous lisons dans les annonces des journaux de Berlin, à une date non plus reculée que le mois de décembre 1882, un avis par lequel appel était fait à « une personne sachant construire des carrosses à Puces et habituée à y atteler ces insectes ».

Carrossier pour Puces, voilà je crois une industrie qui nous fait totalement défaut en France, bien que les Puces savantes n'y manquent pas. Il y a trois ou quatre ans, en effet, un industriel exhibait, sur le boulevard Saint-Germain, une troupe de trente Puces faisant l'exercice, dressées sur leur pattes de derrière et l'arme (une brindille de bois) au bras, sans parler d'un petit carrosse d'or traîné par d'autres Puces attelées à ce carrosse au moyen de traits, ou plutôt de chaînettes, également en or.

Il y avait aussi des Puces savantes à la foire du jour de l'an, à Paris, en 1886. Nous ne croyons pas indispensable, après tout ce que nous avons déjà dit des talents variés de ces curieux artistes, de rendre compte une fois de plus de la représentation offerte au public, peut-être contre leur gré, par ces dernières : c'est toujours un peu la même chose.

A côté de la Puce irritante proprement dite, qui est la Puce de l'homme, il y a les Puces, non moins irritantes en fait, particulières aux animaux et différant

quelque peu suivant l'espèce sur laquelle elles vivent,
mais pas beaucoup sous le rapport des mœurs; telles
sont les Puces du chien, du chat, du rat, de la souris,
etc. La Puce de l'homme, au reste, ne refuse pas ses
faveurs aux animaux favoris de l'habitation; le chien,
par exemple, dont la Puce particulière se distingue de
celle de l'homme par une taille plus petite et des rangées
de pointes au front et au thorax, ne laisse pas d'accueillir
les Puces de l'homme — en échange des siennes.

Avec la Puce pénétrante, plus communément appelée
chique, qui habite l'Amérique du Sud et les Indes, nous
avons affaire à une tout autre vermine, dont l'homme, exclusivement je crois, a cruellement à souffrir. La Chique
ressemble beaucoup à notre Puce commune, quoique
plus petite, roussâtre et effilée; mais ce n'est qu'une
apparence trompeuse; sous le rapport des mœurs elle
diffère essentiellement de celle-ci, comme on va le voir.

Lorsque vient le moment de la ponte, la femelle réussit à
se blottir principalement sous les ongles des orteils, puis,
de là, à se frayer un joli petit chemin entre cuir et chair,
comme on dit, causant à peine une légère irritation, que
les gens d'expérience seuls savent apprécier justement.

Le moment critique arrivé, la Chique s'arrête et
s'installe; son abdomen, chargé d'œufs, s'enfle alors
rapidement, prenant une forme globulaire et causant
une vive douleur à la victime qu'elle a choisie. Celle-
ci, qui sait de quoi il retourne, s'empresse de faire
extirper cet hôte incommode de l'endroit où il a établi
son nid, ce qui n'est pas toujours une petite affaire.

Mais il n'y a pas à hésiter, car, si on ne l'extirpait pas, une mort atroce serait inévitablement la conséquence de cette négligence dont peu de gens, d'ailleurs, se rendent coupables : les membres commencent à enfler, le mal affecte les glandes et la gangrène survient en dernière analyse.

La manière dont on extirpe, aux Indes, les nids de Chique, est assez curieuse : ce sont, en général, de vieilles sorcières, très habiles, du reste, qui se livrent à ce genre d'opération chirurgicale. Elles se servent d'une aiguille avec laquelle elles creusent, tout autour du corps globulaire, un sillon profond, et enlèvent ensuite le sac rempli d'œufs et parfaitement intact.

Intact, il faut qu'il le soit : un seul œuf resté dans la plaie, il n'y aurait rien de fait. Aussi, pour plus de précaution, saupoudre-t-on de tabac en poudre ou de piment pulvérisé la plaie produite par l'opération. De cette manière, on croit fermement tuer les œufs qui auraient pu échapper, et qui sont de taille microscopique.

Ajoutons que cette cautérisation au piment est surtout infligée aux enfants, afin de leur bien ancrer dans la mémoire la torture qui les attend si, sentant s'introduire une Chique sous un de leurs ongles, ils négligeaient de se faire opérer sur l'heure, opération peu douloureuse dans ce cas, et que les personnes appartenant aux classes aisées ne négligent jamais, mais que les enfants ne se soucient pas d'affronter, redoutant plus peut-être les admonestations oiseuses que la douleur même dont elles sont l'acompagnement ordinaire.

VII

LES ARAIGNÉES

Linné réunit sous le nom d'*insectes* tous les animaux articulés; mais on est convenu de ne plus comprendre dans cette classe que les articulés *hexapodes*, autrement dit pourvus de trois paires de pattes seulement.

Donc, nous n'avons pu admettre les Araignées dans notre chapitre des insectes chasseurs, pour cause de surabondance de pattes : c'était déjà assez hardi d'y introduire frauduleusement le Scorpion; mais nous ne pouvions pas davantage les laisser tout à fait de côté; d'abord parce que pour la plupart des gens, sans en omettre les naturalistes, les Araignées sont toujours des insectes, et ensuite parce que ce sont les « insectes » peut-être les plus industrieux et les plus intéressants de toute cette classe innombrable.

Un préjugé absurde représente l'Araignée comme un animal immonde et malfaisant, que le dégoût seul empêche souvent d'écraser. Pour le naturaliste, pour le simple observateur, l'Araignée est l'un des êtres les plus intéressants du règne animal.

Malfaisante, elle ne l'est point; elle est, au contraire, d'une grande utilité par le massacre qu'elle fait d'insectes qui, eux, sont incontestablement nuisibles. Quant à sa prétendue malpropreté, le microscope ne permet pas de découvrir la moindre souillure au fin duvet dont son corps est couvert.

D'autre part, l'Araignée est douée d'une organisation d'une richesse inouïe dans des proportions si réduites, jointe à une habileté, à une intelligence merveilleuses, qui provoquent l'admiration du plus indifférent. Elle est d'ailleurs parfaitement outillée pour les nécessités du travail qu'elle doit accomplir. Ses pattes sont terminées par des crochets, ou simples, ou dentés comme des peignes, ou ouverts en forme de fourches. Les organes producteurs du fil sont de petits mamelons placés sous l'extrémité de l'abdomen, au nombre de quatre, six ou huit, et disposés par couples uniformes ou variés, suivant que l'animal doit produire une seule, deux ou trois espèces de fils, et couverts d'appendices très menus, qui sont les conduits où passe la sécrétion presque liquide qui, en se solidifiant à l'air, devient une sorte de soie. Les brins de soie provenant de ces organes s'unissent les uns aux autres, comme la soie sortant d'un fuseau, et ce fil si ténu, dont les toiles d'Araignées sont formées, se compose d'une multitude de ces petits fils initiaux.

Les Araignées tisseuses les plus habiles, les plus belles, et en même temps les plus connues, sont les *Épéires*. Ces toiles immenses, si fortes que des petits oiseaux s'y prennent fréquemment, sont l'œuvre d'une Epéire de l'Inde.

L'Épéire de nos climats n'est pas moins intéressante que ces énormes Araignées des Indes, parées des plus vives couleurs ; elle est elle-même revêtue de nuances délicates, et les ornements qui parent son abdomen lui ont fait donner le nom d'*Épéire-Diadème*. C'est la grande Araignée de nos jardins, dont la toile si artistement tissée, et solide au point d'opposer aux efforts d'un vent violent une résistance victorieuse, s'étend d'un arbre à l'autre, en travers des chemins, brillant, aux rayons du soleil, de reflets éclatants. L'Araignée est là, tapie au centre de la toile, guettant sa proie.

Les Épéires ont huit yeux, partagés en trois groupes. Leurs pattes sont pourvues de crochets de deux sortes, taillés en peignes ou en fourches.

Leur toile, de forme presque circulaire, se compose de fils droits partant d'un centre commun, autour desquels d'autres fils sont disposés en cercles assez rapprochés. Ces deux fils diffèrent sensiblement : ceux des rayons sont unis et peu élastiques ; ceux des cercles sont très élastiques et semés d'une multitude de petites protubérances de nature visqueuse, qui retiennent les insectes, comme la glu les petits oiseaux. Pour commencer sa toile, l'Épéire lance un fil qu'elle laisse porter par le vent — ou qu'elle dirige elle-même, croyons-nous plutôt — vers un point d'appui convenable, une branche d'arbre le plus souvent ; puis, suivant ce fil, elle va l'assujettir avec le plus grand soin. Un second, puis un troisième, etc., seront assujettis de la même manière, constituant les *câbles d'amarre* de tout l'ouvrage. L'Araignée retourne alors vers le centre formé par la rencontre de ces câbles et y établit un cadre de fils solides ; puis elle dispose les rayons, et enfin conduit des fils de manière à former ces cercles concentriques presque aussi réguliers que s'ils étaient tracés au compas.

J'ai précisément pour voisine, depuis environ un mois, en face de la fenêtre où j'écris ces lignes, une Épéire magnifique, dont la toile a résisté aux mauvais temps. Le câble supérieur, le premier construit, n'est pas fixé à une branche, mais au rebord de la terrasse du deuxième étage ; celui de l'extrémité diamétralement opposée s'attache aux branches d'un arbuste du jardin ; l'espace compris entre ces deux points extrêmes ne mesure pas moins de sept à huit mètres.

L'Epéire répare sa toile déchirée, comme une ménagère fait une reprise à un mouchoir : pour rien au monde elle n'en ferait plus qu'il n'est indispensable, se réservant pour l'éventualité d'une catastrophe possible. Elle s'abstiendra même, si un danger imminent menace de rendre sa peine inutile. Si le temps est mauvais depuis plusieurs jours, et que, bien que rien ne fasse espérer de changement, vous voyiez l'Epéire réparer sa toile avariée, tenez pour certain que le beau temps est proche, même en dépit du baromètre.

Née au printemps, l'Araignée des jardins meurt à l'entrée de l'hiver ; mais, auparavant, elle a enfermé bien chaudement ses œufs dans un épais cocon de soie, qu'elle a caché en lieu sûr, dans une cavité retirée, une fente de la muraille, ou simplement sous une pierre. Après quoi, elle meurt tranquille...

Elle a rempli le vœu de la nature.

De grosses Épéires ont été observées dans l'Inde, en Afrique et dans les îles de la Sonde et de la Polynésie, dont les toiles immenses franchissent les rivières d'une rive à l'autre. L'Epéire de Maurice tend en zigzag, au milieu de sa toile, une fil énorme d'un blanc éclatant. Des voyageurs ont rapporté que cette Araignée enlace de fils légers la proie ordinaire qui vient se prendre dans sa toile : c'est une précaution que notre Épéire ne laisse pas de prendre à l'occasion aussi bien que sa cousine de Madagascar ; mais du fil en zigzag dont nous venons de parler et qui est là tout prêt, celle-ci garotte prestement l'insecte trop volumineux avec lequel les grands moyens sont seuls de mise.

Les Théridions sont de petites Araignées dont les mœurs se rapprochent en quelques points de celles des Epéires. Ils tissent leurs toiles entre les feuilles ou sur les murs. Une toute petite espèce, qui s'établit de préférence dans les vignes, a mérité le nom de *Bienfaisants* par la guerre incessante qu'elle fait aux petits insectes de la vigne. Les Théridions renferment leurs œufs dans une coque soyeuse.

C'est à cette même famille qu'appartient l'Araignée dite domestique, avec sa toile suspendue en hamac par des amarres fixées au plafond et aux murailles. A un angle de cette toile, l'animal se construit en outre un tuyau soyeux où il demeure à l'affût, se jetant sur sa proie aussitôt qu'elle s'est prise aux mailles du réseau.

Aucune peut-être ne prend plus grand soin de sa progéniture, quoique les Araignées en général brillent surtout par les vertus maternelles. Elle tisse un sac de soie brune qu'elle rembourre de soie blanche et attache ensuite au-dessous de sa toile, ayant soin de le lester de toute sorte de débris et au besoin même de grains de sable ; cela fait, elle pond dans un fin cocon de soie blanche, et va enfermer le tout dans le sac avec des précautions infinies.

Les Araignées sauteuses, remarquables par leurs vives couleurs, errent sur les troncs d'arbres et les murailles ; elles ne produisent que peu de soie et ne peuvent, en conséquence, que se construire de petites cellules ; mais elles sont pourvues de pattes courtes et robustes qui leur permettent de sauter sur leur proie ou de se soustraire au danger imminent qui les menace.

Les Lycoses, que Walckenaer appelle *Vagabondes*, ne tissent pas de toiles non plus, et chassent un peu à la manière des précédentes. Elles filent toutefois des cocons pour renfermer leurs œufs, qu'elles portent constamment avec elles ; elles traitent de la même façon leurs petits qui viennent d'éclore et qu'elles défendent avec un acharnement, admirable chez un si petit être, contre tout danger qui se présente.

Les *fils de la Vierge* sont dus principalement à une espèce d'Araignées appartenant à cette intéressante famille. — Comment s'y prennent-elles? Voici, à ce sujet, ce qu'écrivait le P. J.-M. Babaz, jésuite, dans les *Études religieuses et historiques* de janvier 1868 :

« J'étais, il y a une quinzaine d'années, assis dans une tonnelle de jardin, occupé à lire, quand une petite Araignée, venue je ne sais d'où, parut sur mon livre et se mit à parcourir précisément la ligne que je lisais. Je soufflai pour la chasser ; mais, au lieu de partir, je la vois qui relève son abdomen d'une façon étrange, la pointe en haut, et, sans que je puisse m'expliquer comment, s'élève en l'air jusqu'à un brin de verdure qui était au-dessus de ma tête. « Voilà, « dis-je, pour cette petite bête, un bien singulier tour « de force ! Comment l'a-t-elle exécuté? »

L'observateur reprit alors son Araignée, la replaça sur son livre ; une fois, deux fois avec le même succès il souffla sur l'insecte qui, trouvant le jeu agaçant à la fin, finit par disparaître dans l'air. Cette Araignée était une Lycose, et le P. Babaz eut l'occasion d'en retrouver une, un beau jour, descendant tranquillement au bout d'un fil de la Vierge : aventure qui nous est arrivée à nous-même, il y a quelques années, en pleine rue du Conservatoire, à Paris.

Un lecteur de la revue anglaise *Science Gossip* lui écrivait d'Oporto, au mois d'août 1872, ces lignes qui corroborent une fois de plus les observations de l'auteur précédent :

« J'ai eu l'occasion, il y a peu de jours, d'observer comment s'y prennent ces petits animaux (les Araignées) pour s'élever vers un objet quelconque sans y avoir préalablement attaché un fil.

« Une petite Araignée était venue sur ma main, je ne sais comment. Après avoir erré sans objet apparent en vue, elle parut réfléchir et chercher ce que, dans sa situation, elle aurait de mieux à faire. Elle commença à tourner autour du même point, à savoir le bout de mon doigt médium ; puis elle s'arrêta, et tout à coup se dressa sur sa tête.

« Je ne pus tout d'abord me rendre compte de cette action, mais j'aperçus soudain un fil fin et soyeux flottant dans l'air et se dirigeant vers le plafond, et je reconnus que ce fil venait d'être lancé vivement par mon Araignée. Quand le fil toucha le plafond, à ce que je suppose, car je ne pouvais pas distinguer l'extrémité de ce fil, l'Araignée monta après jusqu'à une certaine hauteur, puis s'arrêta, redescendit, et pour une raison que j'ignore se mit à tirer dessus. Elle lança alors un second fil qu'elle fixa, je pense, à l'autre, avant qu'il n'ait touché aucun objet.

« Cette Araignée pouvait également projeter son fil dans une direction horizontale jusqu'à une certaine distance. »

Mais il n'y a pas que de petites Lycoses, car la Tarentule, à la renommée légendaire, est aussi de la famille.

La piqûre de la Tarentule n'est pas exempte de venin, il est vrai, mais elle est loin de présenter les dangers et de produire les accès que les inventions ridicules des Napolitains lui prêtaient jadis, et auxquelles le peuple ignorant n'a pas entièrement cessé de croire. L'inflammation qui en résulte se guérit naturellement toute seule, pourvu qu'on ne l'en empêche pas. Ce n'est pas d'hier, au reste, que la fraude a été dénoncée.

« On dit que cette Araignée est très venimeuse, dit Valmont de Bomare, et que sa morsure occasionne des symptômes qui paraissent aussi singuliers que la guérison. On ajoute que ceux qui en sont mordus ont des symptômes différents : les uns chantent, les autres rient, les autres pleurent ; d'autres ne cessent de crier, d'autres sont assoupis, d'autres ne peuvent dormir. Enfin, on prétend que le remède qui les soulage le plus est de les faire danser à outrance ; pour cet effet, on leur fait entendre les symphonies qui leur plaisent le plus, on essaie divers instruments ; on leur joue des airs de différentes modulations jusqu'à ce qu'on en trouve un qui flatte le malade ; alors, dit-on, il saute hors du lit et se met à danser jusqu'à ce qu'il soit en nage et hors d'haleine, ce qui le guérit. Voilà de ces faits qui retentissent aux oreilles de tout le monde, et que l'on présente comme vrais.

« Cependant plusieurs personnes très curieuses et très instruites, qui ont voyagé en Italie, entre autres M. l'abbé Mollet, se sont assurées que ce fait passait pour être fabuleux, même dans la Pouille, pour les gens éclairés, et qu'il n'y a que des gens de la lie du peuple et des vagabonds qui, se disant piqués de cet insecte, paraissent guérir par la danse et la musique et gagnent leur vie par cette sorte de charlatanerie. »

Les Tarentules nichent sous terre, peu profondément, et enveloppées d'un tube soyeux qui est leur véritable demeure. Au fond est caché le cocon renfermant leurs œufs ; quand les petits sont éclos, ils commencent par grimper sur le dos de la mère, qui les transporte ainsi partout avec elle.

Récemment, la Tarentule est devenue un objet de commerce très actif en Californie où elle abonde, à ce qu'il paraît, surtout dans la Californie méridionale. Un journal américain du mois de mars 1883 nous apprenait en effet comment l'initiative d'un gamin industrieux et entreprenant venait de créer dans son pays cette nouvelle branche de commerce.

Les amateurs d'objets d'histoire naturelle, naturalistes ou non, sont très curieux d'enrichir leurs collections d'insectes rares ou difficiles à capturer, ainsi que des habitations des constructeurs entomologues les plus ingénieux ; ce que sachant notre gavroche californien, il imagina d'abord de recueillir des nids de Tarentule, qu'il plaça avec profit ; ce succès l'encouragea, et son audace croissant en proportion du développement de ses affaires, il se mit à la chasse des Tarentules, en captura d'abord quelques-unes, qu'il conserva aussi fraîches que vivantes et tout à fait inoffensives, en leur injectant à l'intérieur du corps de l'arsenic en abondance.

Cette injection conserve l'animal frais et a, en outre, l'avantage de détruire son venin (il paraît que le venin des Tarentules de Californie est plus dangereux que celui des Tarentules italiennes), et de permettre de le manier sans courir le moindre danger.

Certaines localités sont infestées de ces Arachnides, et il arrive à notre jeune chasseur d'en prendre jusqu'à deux douzaines dans sa journée, lesquelles, une fois préparées et convenablement dressées, se vendent 30 fr. la douzaine. — Ce n'est pas trop cher, après tout, et n'était le transport, j'entamerais des négociations immédiatement.

Les Mygales, en principe, sont des araignées qui, au lieu de tendre une toile en travers du chemin et d'attendre, blotties dans un coin dissimulé de cette toile, que quelque pauvre étourdi d'insecte s'y vienne empêtrer, font la chasse à leur proie ou leur tendent un piège d'une autre nature auprès duquel elles veillent. Ainsi nous avons en Europe deux espèces de Mygales dont les mœurs sont fort intéressantes, la *Mygale maçonne* du midi de la France et la *Mygale pionnière* de la Corse, qui toutes deux se creusent dans l'argile des terriers enduits d'une sorte de mortier et tapissés d'une étoffe soyeuse confectionnée au moyen de fils dont elles sécrètent la matière; ces terriers, de forme tubulaire, sont fermés par un couvercle à charnière de soie tordue, intérieurement tapissé de soie aussi. C'est dans ce terrier que se tiennent les Araignées; en dehors, à fleur de terre, sont tendus leurs filets, et ce n'est que la nuit venue qu'elles vont faire leur récolte.

Mais le genre Mygale offre plusieurs espèces exotiques d'une taille colossale, telles que la Mygale cancéride, dite aussi *Araignée-Crabe*, et la Mygale aviculaire, pour lesquelles les insectes ne sont pas un gibier suffisant.

Lorsqu'en 1705 parut le célèbre ouvrage de Sibylle Mérian, sur les insectes de Surinam, la description qu'on y trouve d'Araignées gigantesques attrapant des oiseaux-mouches, et en agissant avec eux exactement comme nos modestes Épéires avec de simples moucherons, fut traitée de fable. Il n'est plus permis aujourd'hui de nier l'existence de ces monstres, dont beaucoup de collections possèdent des spécimens, et dont un grand nombre de naturalistes et de voyageurs ont pu étudier les mœurs, surtout dans l'Amérique méridionale.

Un écrivain qui a vécu pendant de longues années sur les bords de l'Amazone mentionne le fait suivant, dont il fut témoin.

« Pendant une de mes promenades, écrit-il, mon attention fut éveillée par les mouvements d'une Araignée monstre de l'espèce *Mygale aviculaire*. Elle se tenait sur un tronc d'arbre, près d'une profonde crevasse en travers de laquelle était tendue une forte toile blanche, rompue à sa partie inférieure, et où deux petits oiseaux se trouvaient engagés... L'un d'eux ne vivait déjà plus ; l'autre, couché sous l'Araignée, n'était pas tout à fait mort ; le monstre l'avait enduit d'une bave gluante. Je chassai la Mygale et m'emparai des oiseaux, dont le survivant ne tarda pas à expirer. »

Cette Araignée monstrueuse, à peu près grosse comme notre moineau, aux pattes robustes, longues de 16 à 18 centimètres et garnies de crochets meurtriers, cette ennemie cruelle des oiseaux-mouches et des colibris aux brillantes couleurs, n'est pas, après tout, aussi terrible qu'elle en a l'air. Elle obéit à ses instincts en agissant comme elle le fait; ce n'est pas un monstre altéré de sang, mais une créature qui a faim. — Et, à ce propos, nous devons dire une fois pour toutes qu'il n'y a pas, pour le naturaliste, d'autre monstre dans la nature animée que l'être assez malheureux pour être affligé de quelque difformité choquante ou s'opposant au libre développement de son corps.

Pour prouver, du reste, l'absence de méchanceté dans la Mygale aviculaire d'aspect si repoussant, l'auteur que nous venons de citer dit avoir vu des enfants indigènes jouer avec une de ces Araignées gigantesques à laquelle ils avaient attaché une ficelle autour du corps et qu'ils conduisaient en laisse comme un chien, sans qu'elle exprimât le moindre mécontentement du traitement humiliant qui lui était infligé.

La Mygale aviculaire établit son domicile principalement dans les profondes gerçures des arbres, où elle se construit une cellule de soie très blanche à tissu serré; son nid est placé tout auprès, de manière à ce qu'elle puisse toujours veiller à sa sûreté. Elle ne se met en chasse qu'au soleil couché. En somme, ces Araignées monstrueuses sont infiniment moins ingénieuses que nos petites Mygales, — petites en comparaison, — qui sont de si habiles ouvrières.

Mais nous n'avons encore rien dit de la plus intéressante de toutes les Araignées, de l'Argyronète, ou Araignée aquatique, qui, avec une organisation toute semblable à celle des Araignées terrestres, se construit sous l'eau une demeure, à la vérité une demeure aérienne, une véritable cloche à plongeur.

L'Argyronète qui a sa demeure à construire commence par piquer une tête dans l'onde perfide, ayant, je suppose, choisi son emplacement ; elle tend alors un certain nombre de fils entre les tiges des plantes aquatiques, puis remonte à la surface au moyen d'un fil ; là, elle élève son ventre hors de l'eau, le retire vivement et redescend, emportant une bulle d'air retenue aux poils de l'abdomen et entre les deux pattes de derrière, qu'elle dépose au-dessous des fils qu'elle a tendus en se retournant le ventre en dessus. Elle ajoute des fils à sa construction, corrige les défauts, remonte chercher des bulles d'air, redescend les emmagasiner dans sa cloche qui, après douze à quinze voyages, plus ou moins, se trouve achevée. L'Araignée l'enduit intérieurement d'une sorte de sécrétion vitrée, et s'y installe la tête en bas, guettant le gibier pour la prise duquel elle a eu soin de tendre ses filets.

L'Argyronète enferme ses œufs dans une petite coque soyeuse qu'elle suspend à l'aide de quelques fils

à l'intérieur de sa cloche. Les petits à peine éclos
songent à se construire une semblable demeure à leur
tour.

Cette Araignée se tient quelquefois sur les feuilles
des plantes aquatiques; mais à côté d'elle il existe une
grosse Araignée au corps brun tacheté de blanc et
bordé d'orange, avec des pattes rougeâtres, qui sait
se construire un radeau de feuilles sèches maintenues
à demi roulées au moyen de fils de soie qu'elle laisse
dériver, se jetant sur la proie qui passe ou recueillant
celle qui tombe directement dans son repaire flottant.

Cette Araignée poursuit très bien une proie con-
voitée en courant sur l'eau après elle ou en s'immer-
geant, pourvu que ce ne soit pas trop profondément et
qu'il y ait là une tige pour l'y aider.

Beaucoup d'Araignées, quelques-unes de la même
famille que l'Argyronète, se construisent des sortes de
tentes sous les pierres, l'écorce des arbres ou les feuilles
tombées, ou simplement dans l'herbe; d'autres ont des
coques fixées aux tiges des plantes ou entre les feuilles
des arbustes. Toujours, d'ailleurs, la même sollicitude
pour leurs petits, quels que soient le genre ou l'espèce.
Nous avons décrit les mœurs des plus industrieuses;
c'est tout ce que nous pouvions espérer faire ici, avec
le souci de ne pas dépasser les limites qui nous sont
imposées.

Dans un autre ouvrage, *Les Insectes industrieux* (1),

(1) *Les Insectes industrieux*, Degorce-Cadot, Paris, 1 volume.

nous nous occupons plus spécialement, ainsi que l'indique le titre, de l'instinct industrieux vraiment extraordinaire de certains insectes, que leur intelligence et leur industrie soient ou non employées utilement. Les travaux destructeurs du Termite, par exemple, sont-ils moins admirables que ceux de l'Abeille productrice ?

FIN.

TABLE DES MATIÈRES

256. — Poitiers, Imprimerie Générale de l'Ouest (BLAIS, ROY et Cie),
7, rue Victor Hugo et rue des Hautes-Treilles, 13.